动物疫病风险评估技术手册

北京市动物疫病预防控制中心　组编

张　跃　王慧强　李志军　主编

中国农业出版社

北　京

图书在版编目（CIP）数据

动物疫病风险评估技术手册 / 北京市动物疫病预防控制中心组编；张跃，王慧强，李志军主编. -- 北京：中国农业出版社，2024. 11. -- ISBN 978-7-109-32721-4

Ⅰ. S851.3-62

中国国家版本馆 CIP 数据核字第 2024LG6734 号

中国农业出版社出版

地址：北京市朝阳区麦子店街 18 号楼

邮编：100125

责任编辑：刘　伟　武旭峰

版式设计：杨　婧　　责任校对：吴丽婷

印刷：北京印刷集团有限责任公司

版次：2024 年 11 月第 1 版

印次：2024 年 11 月北京第 1 次印刷

发行：新华书店北京发行所

开本：787mm×1092mm　1/16

印张：10

字数：180 千字

定价：48.00 元

版权所有 · 侵权必究

凡购买本社图书，如有印装质量问题，我社负责调换。

服务电话：010-59195115　010-59194918

编 者 名 单

组　编： 北京市动物疫病预防控制中心

主　编： 张　跃　王慧强　李志军

副主编： 杜　鹃　刘晓冬　程敏姮

编　者： 张　跃　王慧强　李志军　杜　鹃　刘晓冬　程敏姮　赵浩军　周德刚　吴惠明　傅彩霞　李　刚　郑雪莹　吴　迪　张　倩　刘林青　王　林　梅　力　高晓龙　杨龙峰　王保中　王晓磊　陈　学　彭兴春　朱　蕊　黄东风　王　艳　苗东影

主　审： 欧阳喜辉

前言

FOREWORD

《中华人民共和国动物防疫法》第十五条规定国务院农业农村主管部门根据国内外动物疫情以及保护养殖业生产和人体健康的需要，及时会同国务院卫生健康等有关部门对动物疫病进行风险评估，并制定、公布动物疫病预防、控制、净化、消灭措施和技术规范。省、自治区、直辖市人民政府农业农村主管部门会同本级人民政府卫生健康等有关部门开展本行政区域的动物疫病风险评估，并落实动物疫病预防、控制、净化、消灭措施。

2007 年 11 月 15 日，农业部成立了全国动物卫生风险评估专家委员会，标志着我国动物卫生风险评估工作全面启动。该委员会汇集了来自国家有关部门、高等院校、科研单位、农业系统和社会有关方面的众多资深专家，依法开展动物卫生风险评估和兽医管理决策咨询等工作，为进一步完善动物卫生风险评估体系创造了条件。

随着国家层面动物卫生风险评估工作的深入开展，许多省、自治区、直辖市也进行了一些探索，针对特定动物疫病或外来动物疫病开展了风险评估工作。个别省份建立了风险评估专家库，兽医主管部门定期组织有关专家针对特定风险因子开展风险评估工作。

近年来，风险评估技术在动植物检疫、环境保护、金融业、制造业、网络安全、生物防治、食品生产与供应体系、生物多样性研究等诸多领域，引起越来越多人们的关注并得到一些应用。风险评估从计算方法上，可分为定性分析法、定量分析法、定性与定量相结合的分析方法；从运用的手法上，可包括决策树法、德尔菲法、层次分析法、模糊综合评价法、蒙特卡罗模拟法等。本书总结归纳了实用的动物疫病风险评估方法，并构建了禽流感、口蹄疫、非洲猪瘟等重大和常发疫病的风险评估模型，用于区域性和养殖场（户）动物疫病风险评估，其目的在于根据风险评估的结果，制定相适应的动物疫病预防控制措施，从而降低动物疫病发生风险。

由于动物疫病风险评估工作在我国尚属探索和发展阶段，随着新的理论和技术不断发展，书中某些理论和方法也需随之改进与完善。限于编者水平和经验，本书难免有不足之处，恳请读者批评指正。

目 录

CONTENTS

第一章

绪 论

第一节 引 言

20世纪初，随着动物及动物产品的进出口贸易，动物疫病在一些国家或地区广泛流行和传播。为此，一些贸易进口国开始探索风险评估在动物及动物产品贸易中的应用，也促使世界贸易组织（WTO）、世界动物卫生组织（WOAH，旧称 OIE）等国际组织开始制定风险分析框架。从20世纪80年代开始，澳大利亚、美国、新西兰、英国、德国、加拿大等畜牧业发达国家相继将风险分析应用于动物卫生领域，使其动物卫生管理决策具有科学性、透明性和预防性，并取得了显著成效。1993年关税及贸易总协定“乌拉圭回合”达成了《实施卫生和植物卫生措施协议》（简称 SPS 协议），将风险评估作为成员制定卫生和植物卫生措施的重要原则，指导各成员制定、采用、实施措施，力求将动植物卫生对贸易的影响降到最低。自协议签署后，风险分析已成为动物卫生管理领域重要的决策支持工具，WTO、WOAH 等国际组织也促使各成员广泛应用风险分析技术。

在 SPS 协议生效后，WOAH 便将风险评估原则纳入动物卫生领域。WOAH 为各成员制定了动物及动物产品的进口风险分析框架，目的在于为进口国或地区进口动物及动物产品时进行风险评估提供客观和公正的方法。各成员在制定动物及其产品进口贸易措施时应以此为基础。它包括危害识别、风险评估、风险管理和风险交流四个部分。风险评估是对“进口国或地区领土上引入、定居或传播某类致病因子的可能性及生物学及经济学后果的评价”，是风险分析的核心内容。其包括入境评估、暴露评估、后果评估、风险估算四个步骤。入境评估是计算确认的潜在危害通过生物学途径感染或污染进口商品的可能性，即病原引入的可能性；暴露评估是进口国或地区动物和人类暴露于引入的危害的可能性；

后果评估是对引入确认的病原体造成的生物学和经济学后果的评估；风险估算则是综合上述各过程的结果，确认评估的风险的大小。风险评估的成果就是风险交流和风险管理所采用的风险评估报告。

2002 年 12 月，为防范动物疫病传入风险，国家质量监督检验检疫总局参照 SPS 协议，制定了《进境动物和动物产品风险分析管理规定》。为了规范《进境动物和动物产品风险分析管理规定》对进出境动物和动物产品传播动物疫病的风险进行分析的工作程序和技术要求，国家质量监督检验检疫总局于 2010 年 3 月 2 日发布，同年 9 月 16 日实施了《进出境动物和动物产品风险分析程序和技术要求》（SN/T 2486—2010），主要就进出境动物和动物源性产品风险分析的信息收集、危害确认、风险评估等内容做出了要求。2024 年 2 月，为规范技术评估流程，确保进境动物及其产品风险评估工作更加科学，农业农村部畜牧兽医局根据《中华人民共和国生物安全法》《中华人民共和国进出境动植物检疫法》等法律法规，在总结近年来动物卫生风险评估工作经验的基础上，组织制定了《进境动物及其产品风险分析技术规范》（见附录）。

近年来高致病性禽流感、非洲猪瘟、小反刍兽疫等疫情多有发生，不断挑战动物疫病防控、畜牧业生产和动物源性食品安全。随着对外贸易和运输物流网络的发展，动物和动物产品的移动更加快速和频繁，养殖业面临外源和内源性动物疫病传播的风险日渐加剧。因此定期有效开展动物疫病风险评估，可以使动物疫病防控关口前移，变“事后处置”为“事前预防”，从而做到早发现、早处置、早控制。

本书所说的动物疫病风险评估是指对人们在进行动物及动物产品生产和其他相关经营活动过程中，动物或动物产品感染致病微生物及其扩散增加的可能性进行评价和估计（分析、估计、界定）。风险评估过程包括风险识别、风险分析和风险评价的全过程。风险识别是发现、确认和描述风险的过程。风险分析是指对在风险识别的步骤中所识别出的危害源的严重性和可能性进行赋值。风险评价是将估计后的风险与给定的风险准则对比，来决定风险严重性的过程。风险评估方法概括起来可分为定量、定性、以及定性与定量相结合的评估方法。

近年来，我国初步建立了动物疫病风险评估体系，并在我国动物卫生管理决策制定方面发挥了重要作用。我国的动物卫生风险评估工作大多为定性风险评估，主要依靠风险分析人员的专业知识、主观经验以及其他国家的相关先例进行风险评估，当评估对象的背景信息不充分，缺乏必要的评估材料时，可能因未知因素较多而造成风险分析的科学性、一致性和灵活性降低。为使动物疫病风险评估工作更加科学，在现有条件下尽量减少人员主观因素对风险评估带来的不良影响，从而有效提高动物疫病风险分析水平，应尽可能采用定量风险评估以及定性与定量相结合的评估方法。

本书主要介绍实用和常用的动物疫病风险评估方法。

第二节 国内外研究进展

一、WOAH有关动物疫病风险评估的开展情况

（一）进口风险分析

全球动物及其产品国际贸易多年来一直保持稳定增长。联合国粮食及农业组织（FAO）贸易年报统计表明，1961—2000年，动物和动物产品的国际贸易货币值增加了17倍。有数据统计表明，全球1980—2000年间通过动物贸易引入传染性动物疫病的报告共有607例，其中WOAH A类疫病（包括33例口蹄疫）117例，B类疫病365例（74例共患病、142例牛病、42例绵羊和山羊病、29例马病、49例禽病等），大多病例是在进口国或地区首次发现（420例）。动物疫病已成为制约动物及其产品国际贸易的主要因素。

进口风险分析的主要目的是为进口国或地区在进口动物、动物产品、动物遗传材料、饲料、生物制品和病料时可能带来的疫病风险提供客观的、可起到保护作用的评估方法。风险分析过程必须透明化，并基于透明原则，向出口国或地区清晰说明所要附加的进口条件或拒绝进口的理由。WOAH进口风险分析主要为国际贸易进行透明、客观和防范性的风险分析提出了指导性原则，推荐的风险分析主要包括危害确认、风险评估、风险管理和风险交流。

1. 危害确认

是指对进口商品中可能携带产生潜在危害的致病因子进行确认的过程，待确认的潜在危害因子是指那些与进口动物或动物源性产品有关，并且在出口国或地区可能已经存在的致病因子。危害确认是确认生物因子是否属于潜在危害的分类过程，如果通过危害确认无法确定潜在的危害与进口商品有关，可能会终止风险评估。对于采用了符合《WOAH陆生动物卫生法典》（简称“法典”）推荐的相应卫生标准的动物或商品，进口国或地区可能会直接决定准许其进口，而不进行风险评估。

2. 风险评估

风险评估是风险分析的核心组成部分，是对已确定的危害因素进行风险程度认定的过程。评估过程既可以采用定性分析的方式，也可以采取定量分析的方式。对于很多动物疫病，特别是《WOAH陆生动物卫生法典》所列的动物疫病，已经制定了较好的国际标准，对其发生风险也已达成广泛的共识，对这类动物疫病只需要进行定性风险评估即可。定性评估不需要使用数学模型，因此在常规决策中常使用这种评估方式。值得注意的是，任何单一的风险评估方法都不可能适用所有情况，因此在应用时需要根据不同情况综合确定具体的评估方法。风险分析过程中，通常需要考虑出口国或地区现有的兽医体系、区域区划、生物安全隔离区划、疫病监测体系的评估结果，以便监视出口国或地区的动物卫生状况。

（1）WOAH风险评估应遵循的原则　风险评估内容应包括各种动物产品、与单次进口有关的多种危害因子、每种动物疫病的特性、疫病检测和监测体系、暴露情况以及数据信息的类型和数量；定性和定量的风险评估方法均适用于风险评估；风险评估应以与现有科技水平最相一致的最可靠的数据和信息为基础，对评估应进行完好的文件记录，并附有引用的科技文献和其他资料，包括专家意见；应鼓励风险评估方法的一致性，为确保评估结果的公平、合理、一致，使各利益相关方更容易理解，保证透明度是至关重要的；风险评估应以文件的形式列出不确定项、假设项及其对最终风险判定的影响；风险随进口商品量的增加而加大；风险评估应当能够修订，以便在获得新信息时及时进行更新。

（2）WOAH风险评估步骤　分为入境评估、暴露评估、后果评估和风险估算4个步骤。

入境评估：分为两部分内容。首先是找出通过进口活动向某一特定环境传入病原体所必需的生物学途径，其次是运用定性（用文字）或定量（用数据）的方式评估整个过程的发生概率。入境评估需要阐明每种潜在危害（病原体）在数量、时间等特定条件下发生侵入的概率，以及因活动、事件或措施等条件的改变所引起的风险释放概率的变化。入境评估所需的各项内容主要包括：生物学因素，动物种类、年龄和品种、病原易感部位、免疫注射、检验、治疗和隔离检疫状况；国家因素，发病率或流行状况、出口国或地区兽医体系、疫病监测和控制计划、区域区划、生物安全隔离区划的评估；商品因素，进口商品数量、防污染措施、加工影响、贮存和运输影响。如果入境评估的结果表明没有明显的释放风险，则不需要继续进行接下来的风险评估程序。

暴露评估：与入境评估相类似，暴露评估也由两部分内容构成。首先找出进口国或地区动物和人暴露于既定危害因子（此处指病原体）的生物学途径，其次是运用定性（用文字）或定量（用数据）的方式评估此种暴露发生的概率。针对确认危害因子的暴露概率的评估要结合特定暴露条件如暴露的量、时间、频率、持续时间和途径（如食入、吸入或虫咬）以及暴露动物和人群的数量、种类及其他相关特征等进行，以评价暴露于危害因子的概率。暴露评估所需的各项内容主要包括：生物学因素，病原特性；国家因素，是否存在潜在媒介、人和动物数量的统计资料、风俗习惯、地理和环境特征；商品因素，进口商品数量、进口动物或动物产品的预期用途、处置措施。如果暴露评估结果表明没有明确的暴露风险，就可在这一步做出风险评估结论。

后果评估：即阐明暴露于某一生物病原因子与暴露后果的关系。由于暴露导致不良的卫生或环境后果，进而引起不良的社会经济后果的因果关系推断在后果评估中应该成立。后果评估需要阐明给定暴露发生后的潜在后果并评估其发生的概率。评估可以是定性的（用文字），也可以是定量的（用数据）。后果种类主要包括两个方面：直接后果，动物感染、发病及生产损失和公共卫生后果；间接后果，监测、控制成本、损失赔偿成本、潜在贸易损失、对环境的不良后果。

风险估算：是综合入境评估、暴露评估和后果评估的结果，生成针对既定危害因子的总体风险量。因此，风险估算要考虑从危害确认到产生不良后果的全部风险路径。定量评估的最终结果包括：估算一定时期内健康状况可能受到不同程度影响的畜群、禽群、其他动物或人类的数量；概率分布、置信区间及其他产生评估不确定性的因素；计算所有模型输入值的方差；灵敏度分析，根据各输入值导致风险估算出现偏差的程度，确定其等级；模型输入值之间的依赖性及相关性分析。

3. 风险管理

风险管理是成员国或地区为达到适当保护水平而确定并执行相关措施的过程，同时应确保对贸易的负面影响降至最低。风险管理的目的是实现各国或地区在“最大限度地减少疫病入侵频率、概率和不良影响”与“根据国际贸易协定进口商品，履行义务”之间的平衡。关于风险管理的卫生措施应首选国际标准，这些卫生措施的执行应与相应标准的目标一致。风险管理的组成部分包括：

（1）风险应对评价　是指将风险评估中经评定确认的风险水平与成员国或地区相应的保护水平相比较的过程。

（2）方案评价　指为减少进口引起的风险，根据成员国或地区的保护水平确定采取的措施并评估其效能及可行性的过程。效能是指某项方案降低不良的卫生和经济后果的可能性或量级的程度。方案效能评价是一项迭代过程，要与风险评估相结合，然后与可接受的风险水平进行比较。而可行性评价通常关注对风险管理方案的实施存在影响的技术环节、操作环节及经济因素。

（3）实施　指完成风险管理决策，确保风险管理措施到位的过程。

（4）监督及评审　指通过对风险管理措施的不间断评估，以确保取得预期效果的连续性过程。

4. 风险交流　是在风险分析期间，从潜在受影响方或利益相关方收集危害和风险相关信息和意见，并向进出口国或地区决策者或利益相关方通报风险评估结果或风险管理措施的过程。这是一个多维、迭代过程，理想的风险交流应贯穿风险分析的全过程。风险交流策略应在每次风险分析之初制定就绪。风险交流中的信息交流应该是公开、互动、反复和透明的，并可在决定进口之后继续进行。风险交流参与单位包括出口国或地区当局及其他利益相关者，如国内外产业集团、家畜生产者及消费者等。风险交流的内容还应该包括风险评估中的模型假设及其不确定性、模型输入值和风险估算。同行评议也是风险交流的组成部分，旨在得到科学的评判并确保获得最可靠的资料、信息、方法和假设。

（二）WOAH对成员国或地区动物卫生状况评估认证

WOAH制定了特定动物卫生状况标准，主要目的是提供国际贸易中的动物及动物产品生物安全状况的判定标准，帮助成员国或地区保护本国或地区的动物卫生水平并避免在动物及动物产品国际贸易中产生贸易纠纷及技术壁垒。基于此目的，制定动物卫生状况标准时，充分考虑了动物疫病的流行病学特征及地理、气候等自然因素对动物疫病流行的影响，并针对不同的动物疫病制定了不同动物群体的动物卫生状况标准，成员国或地区可据此采纳不同的区域模式控制消灭动物疫病以达到《陆生动物卫生法典》规定的动物卫生水平，在法典中共涉及无疫国家、无疫区域、无疫企业、无疫饲养场等不同的动物卫生状况。因此，各国或地区在选择动物疫病区划控制模式时，可根据动物疫病特征及本国或地区实际情况，选择国家控制、区域区划控制、生物隔离区划控制等多种动物疫病控制模式，以实现提高动物卫生水平至达到国际标准的目的。

1. WOAH自我声明及WOAH官方认证程序

WOAH在《WOAH陆生动物卫生法典》第一篇“动物疫病诊断、监测和通报”中就动物疫病诊断、监测和通报制度做了比较详细的论述。在1.6章自我声明及WOAH官方认证程序中规定，WOAH成员国或地区可以向WOAH报告所声明的疫病状态，而WOAH在非认证的情况下可对外公布其声明，但是WOAH对关于牛海绵状脑病（BSE）、口蹄疫（FMD）、牛传染性胸膜肺炎（CBPP）、非洲马瘟（AHS）、古典猪瘟（CSF）和小反刍兽疫（PPR）的自我声明不公布。换言之，WOAH对BSE的风险状况，口蹄疫非免疫无疫或免疫无疫，牛传染性胸膜肺炎、非洲马瘟、古典猪瘟和小反刍兽疫无疫实施官方认证制度。WOAH官方认证程序的本质就是对申请国或地区的待评估动物疫病状况进行定性评估的过程。

2. WOAH对BSE风险状况的认证

申请国家、区域或生物安全隔离区最终被归类为BSE风险可忽略还是可控制状态，主要取决于申请国或地区递交的认证评估材料。WOAH对申请国或地区的BSE状况进行风险评估的主要内容包括：

（1）申请国或地区自身就BSE疫病风险做出风险评估报告　主要是对评估数据的收集和信息递交，分为释放评估和暴露评估两部分。

释放评估，主要针对进口肉骨粉或油脂，进口潜在被感染活牛，进口潜在感染牛源性产品等途径释放的疯牛病病原因子等潜在风险的评估。

暴露评估，主要包括牛胴体、副产品和屠宰场废弃物的来源，炼制工艺的参数和牛饲料的生产方法，饲喂牛源性肉骨粉或油脂等使牛暴露于疯牛病病原的潜在风险的评估。

（2）公众宣传、通报调查和诊断能力　公众宣传教育方案情况，以确保能够检出和申报BSE，在BSE流行率低和有能力进行鉴别诊断的国家或地区尤为重要；强制通报和调查机制，由于BSE对经济、社会造成相当的影响，可以通过建立强制（或奖励）机制促进对BSE的通报和调查工作；诊断能力，WOAH仅认可根据《WOAH陆生动物卫生法典》要求检测的样品数据，所以建立WOAH认可实验室并能够对在监测体系框架内采集的脑或其他组织进行检查是评估诊断能力的关键。

（3）监测结果　WOAH要求BSE监测和监视体系符合《WOAH陆生动物卫生法典》相关要求，以确保能够在最低或高于最低流行率的水平上检测出BSE。

（4）该国家、区域或生物安全隔离区的BSE病史　具体描述BSE病史状况，对于特定国家、区域或生物安全隔离区的流行病学调查具有指导意义。

2014 年 5 月 27 日，OIE 第 82 届大会第三次全体会议讨论认可我国达到 BSE 风险可忽略标准，这意味着国际社会对我动物疫病防控体系和能力的认可，标志着我国 BSE 防范工作达到国际先进水平，对保障我国动物源性食品安全和公共卫生安全、促进牛肉国际贸易具有重要意义。同时，在这届大会上我国还获得了非洲马瘟历史无疫认证。

3. WOAH 对无规定动物疫病区的认证

WOAH 将无规定动物疫病区按照区域范围和免疫类型划分为非免疫无疫国家、非免疫无疫地区、免疫无疫国家、免疫无疫地区等四个类型。对 FMD 的无疫认证评估就包含了以上四个类型，而对 CBPP、AHS、CSF、PPR 无疫认证评估的评估结果则没有免疫无疫和非免疫无疫之分，只有一种无疫状态评估结果。WOAH 对申请国或地区的无规定动物疫病状况进行定性评估的主要内容包括：基础情况、兽医体系、疫病根除情况、实验室诊断能力、监测情况、预防能力、控制措施与应急预案、无疫声明和无疫状态恢复等九个方面。下面以 FMD 无疫认证为例，予以介绍。

WOAH 针对四类无疫区即非免疫无疫国家、非免疫无疫地区、免疫无疫国家和免疫无疫地区，都制定了相应的无疫认证调查问卷。成员国或地区在完成《WOAH 陆生动物卫生法典》第 8.8 章的无疫区相关规定后方可申请进行无疫认证。虽然这四类无疫认证内容略有不同，但评估的内容具有相似性。

（1）基础情况　主要就申请国或者地区的地理情况、畜牧业发展情况进行说明。具体评估内容包括：申请地区的地理状况，包括物理学的、地理学的和其他与口蹄疫传播有关的因素，邻国和不相邻但存在潜在的引入疫病风险的其他国家，要求申请国或地区提供一张标明上述因素的地图；评估畜牧业整体情况。

（2）兽医体系　主要评估申请国家或地区的兽医立法、兽医体系建设、畜牧相关产业和其他相关团体在口蹄疫监控中的作用。具体评估内容包括：立法情况，要求申请国或地区提供所有与口蹄疫相关的兽医法规的清单和概要；兽医体系建设情况，要求申请国或地区提供兽医体系遵守《WOAH 陆生动物卫生法典》1.1 章、3.1 章和 3.2 章规定的文件资料，并说明兽医体系如何监督和控制口蹄疫的所有有关的活动，必要时需要提供地图和表格说明；评估非官方机构或人员在疫病监测中的作用，主要评估个体执业兽医、农场主、相关产业和其他相关团体在口蹄疫监控中的作用，以及官方机构的口蹄疫培训和宣传教育方案等。

（3）口蹄疫根除情况　主要包括流行病学史、口蹄疫根除策略、疫苗和免疫接种情况、口蹄疫根除活动的立法、组织与实施情况以及动物标识和移动控制能力。具体评估内容包括：疫病流行病学史，要求申请国或地区提供关于口蹄疫历史、首次检测的日期、感染来源、根除日期（最后病例日期）及出现的型和亚型的说明；疫病根除策略，要求申请国或地区提供控制和根除口蹄疫的相关策略（如扑灭措施、改进的扑灭措施、区域划分）以及根除的时间进度表；疫苗和免疫接种情况，提供以往疫苗使用情况，包括接种时间、免疫动物的种类等内容；口蹄疫根除活动的立法、组织与实施情况，要求提供不同层面组织结构的说明和操作指南等；动物标识和移动控制能力，提供易感动物（个体水平或群体水平）的标识方式，动物标识、畜群登记及追溯方法，动物移动控制的相关措施和实施证据，以及规定的放牧、游牧和有关迁移路线的信息。

（4）口蹄疫实验室诊断能力　主要评估申请国或地区开展的实验室诊断工作以及口蹄疫认可实验室的建设情况。具体评估内容包括：口蹄疫的实验室诊断情况，提供本国或地区认可进行口蹄疫诊断的实验室名单，若没有认可实验室，则提供样品送检的实验室名称以及该实验室的后续安排程序和获取结果的时间进度表；口蹄疫认可实验室概况，提供实验室官方认可的程序以及实验室体系已具有的或计划申请的内部质量管理体系如良好实验室操作规范（GLP）和国际标准组织（ISO）质量管理体系等的详细资料，提供参与实验室间确认试验（环比检测）的详细资料，提供实验室采取的生物安全措施，所采用试验方法的详细情况以及是否涉及操作活病毒。

（5）口蹄疫监测情况　主要评估申请国或地区针对临床疑似病例开展的监测和血清学监测情况，易感家畜数据和易感野生动物统计数据以及屠宰场和市场监测控制状况。具体评估内容包括；临床可疑病例监测，提供针对疑似口蹄疫病例的确认标准、官方通报程序（包括通报方和接收方）、对未通报行为的处罚措施。同时，提供过去 2 年关于可疑病例数、口蹄疫病毒检测的样本数、动物种类、样品类型、检测方法和结果（包括鉴别诊断）的汇总表。血清学监测，提供血清学监测内容，提供详细的调查设计信息（如置信水平、样本大小、分层情况等），血清学监测频率，血清学监测易感动物的范围（是否包括野生易感动物）。提供过去 2 年口蹄疫病毒检测的样本数、动物种类、样品类型、检验方法和结果（包括鉴别诊断）的汇总表。提供对所有可疑和阳性结果所采取的跟踪活动的详情。提供目标监测畜群的选择标准、被检动物数和监测样本数。提供监督监测体系执行情况（包括指标）的各种方法的详情。易感家畜数据，提供本国或地区家畜统计数据和经济学数据，易感动物群具体情况（根据动物的种类和生产系统划分），各种易感动物的畜群数量和分布状况并酌情提供图表和地图。易感野生动物统计数据，提供本国或地区野生易感动物的种类、种群规模及地理分布情况，以及有现行的预防家畜接触易感野生动物的措施。屠宰场和市场监测控制状况，提供主要的牲畜市场或集散中心的具体位置、区域内牲畜流通模式以及交易过程中的动物运输和移动控制的相关措施。

（6）口蹄疫的预防能力　主要评估申请国或地区与周边国家或地区的协调机制建设情况，针对食物垃圾饲喂动物（主要指猪）的控制情况以及易感动物及其产品的进口管制程序。具体评估内容包括：与邻国或地区的协调机制，相邻区域的相关疫病因素对申请国或地区的口蹄疫防控措施的相关影响情况（如从相邻边境到受影响畜群或动物的距离、面积），与相邻区域进行协作和信息共享的情况；针对使用食物垃圾饲喂动物（主要指猪）的控制措施，并提供相关的控制、监测措施文件；易感动物及其产品的进口管制措施、进口条件和检验程序，提供申请国或地区允许进口易感动物及其产品的区域列表和核准以上区域的标准，易感动物入境需要的官方文件（如进口许可证、健康证明等）、采取的检疫措施、隔离期、隔离地点等，对易感动物及其产品入境运输采取的控制措施，以及过去2年来进口的易感动物及其产品的概要统计结果（要求包含原产地、品种、数量等信息）；提供入境口岸地图（包括港口、机场及陆路口岸位置和数量），口岸监管机构的管理结构、人员水平、隶属关系以及与上级机构的联络机制；提供对特殊商品（动物、配种材料、动物产品、生物制剂）进口、跟踪管理（主要指在口岸、目的地实施）的法规、程序、类型、检查频率等；提供对入境废弃物采取的生物安全措施、负责机构和过去2年的处理报告；提供针对违法进口行为的法律法规和实际措施以及对相关违法行为的处罚材料。

（7）控制措施与应急预案　主要评估申请国或地区的应急响应预案、疑似病例检疫措施、疫情暴发处置措施等。具体评估内容包括：官方机构发布或认可的有效处理可疑或确诊口蹄疫暴发的应急预案；发现疑似病例后的相关处理措施，对疑似病例未做出最终诊断前，所在地区实施的检疫程序；发生口蹄疫疫情后实施的措施，鉴定和确认病原体存在的采样和检验程序；发现口蹄疫感染后，疫点及其周围地区所采取的控制措施；采取的控制和/或根除程序（如疫苗接种、扑灭、部分屠宰/疫苗接种等），以及抗原和疫苗储备详情；证实疫情已被成功控制/根除的程序，包括对补栏（恢复饲养）的所有限制；为控制/消灭疫情而屠宰或扑杀动物的农户提供的赔偿金以及规定的赔付时间详情。

（8）无疫声明　达到《WOAH陆生动物卫生法典》第8.8章中关于口蹄疫无疫的时

间证明文件。具体评估内容包括：对非免疫无疫地区，提供履行法典第 8.8.2 条相关内容的官方书面证明，同时提交过去 12 个月未发生口蹄疫疫情、过去 12 个月没有发现口蹄疫病毒感染声明、过去 12 个月没有接种口蹄疫疫苗声明。提供证明在停止接种口蹄疫疫苗后没有进口接种过疫苗的动物；对免疫无疫地区，提供履行法典第 8.8.3 条相关内容的官方书面证明，提交一份声明，说明在过去的 2 年未发生口蹄疫疫情，在过去的 12 个月未发现口蹄疫病毒感染迹象的证据，声明中还应当包括申请区域按照法典第 8.8.40 条至第 8.8.42 条的规定，对口蹄疫临床病例和口蹄疫病毒流行情况进行监测。同时预防和控制口蹄疫的管理措施已得到落实。为了预防口蹄疫，进行了常规的免疫接种，使用的疫苗符合 WOAH《陆生动物诊断试验与疫苗手册》规定的标准。

（9）无疫状态恢复情况　WOAH 对申请国或地区的无疫状态再次确认，需要申请国或地区提供发生疫情采取扑灭措施后恢复到无疫状况的相关证明文件。

（三）PCP-FMD 对疫病状况的评级

PCP-FMD（The Progressive Control Pathway-FMD）由 FAO 开发，旨在协助和促使仍然受到 FMD 疫情困扰的国家/地区逐渐降低 FMD 对本国/地区的影响。PCP-FMD 是 FAO 针对控制 FMD 疫情制定的控制计划，现在已经成为 WOAH/FAO 共同推荐的 FMD 疫病控制计划方案，其最终目标是帮助受影响国家/地区达到非免疫无疫状态。为了帮助成员国/地区逐步控制 FMD，该计划将 FMD 的疫病状况划分为六个阶段。阶段 0，FMD 风险没有得到控制，没有可靠的信息；阶段 1，能够识别风险并选择控制措施；阶段 2，推行基于风险的控制措施；阶段 3，推行的控制策略目标是净化疫病；阶段 4，保持本国/地区零传染和零侵入状态；阶段 5，保持本国/地区零传染和零侵入状态，同时不进行免疫接种。通过确立每个阶段的关键风险点的方式帮助仍受 FMD 疫病困扰的国家/地区找出自身的不足之处，根据 PCP-FMD 的推荐措施逐步更新本国/地区的 FMD 控制策略，逐步达到 FMD 非免疫无疫状态。PCP-FMD 将关键风险点基本划分为疫病状况、兽医基础、实验能力、疫病预防、疫病监测、检疫监管、应急响应等七个方面，尤其强调了立法框架、主动监测、被动监测、移动控制、疫病控制计划在疫病控制中的作用。同时，PCP-FMD 强调每种疫病状况都有对应的疫病风险，疫病状况越好，对应的疫病风险也就越低，可以说疫病状况和疫病风险是相互联系的有机整体，想要得到良好的动物疫病状况必须以风险评估、风险管理为前提。

二、美国的动物疫病风险评估相关情况

美国在动物疫病防控、动物及动物产品进出口贸易等方面建立了较为完善的法律法规体系，配套性和科学性强，特别是美国的《联邦法典》和《联邦纪事》，会根据国内外动物卫生状况及有关贸易状况及时做出修订。

（一）美国动物疫病风险评估、预防及控制法案

美国作为FMD无疫国家，自1929年以来再没有暴发过FMD疫情，美国政府为了保护本国免受口蹄疫及其他高危外来动物疫病的侵入，于2001年制订了《美国动物疫病风险评估、预防和控制法》（Animal Disease Risk Assessment，Prevention，and Control Act of 2001），专门制定了详细的风险管理策略以应对可能的外来动物疫病风险，具体包括四项内容：在美国境外，世界范围内监测FMD和其他外来动物疫病的发生情况，评估在美国境内潜在暴发以上外来疫病的风险，同时采取措施降低重大外来动物疫病对美国的影响；在美国境内或其他入境口岸控制、检查、拦截或隔离可能潜在携带外来动物疫病的动物及其产品；在美国本土维护强大的动物卫生基础设施系统的平稳运作，该系统包括监测与监控系统以及能够在疫病暴发前快速识别高传染性外来动物疫病（包括FMD在内）存在的实验能力；在美国境内建立和维护强大的应急响应机构系统，以快速控制或净化外来动物疫病或虫媒昆虫。

为保证以上风险管理策略能够在美国重大动物疫病防控工作中得到执行，美国政府通过立法的方式将这四项风险管理策略融入了重大动物疫病防控体系建设中。该法案详细规定了重大动物防控体系的建设内容，具体包括：ⅰ）国际活动：与WOAH以及其他国际组织合作、与周边国家合作、对外技术援助和培训；ⅱ）降低疫病风险措施：进口规则、监测与检疫；ⅲ）国内防控措施：疫病检测与监控、应急计划（包括应急协作、应急演练、应急公众教育等）；ⅳ）疫病研究活动；ⅴ）美国政府通过立法的方式对外来动物疫病风险评估内容做出规定，大幅提高了国家整体动物疫病防控能力。

（二）美国动植物卫生检疫局区域认可

美国具有一套完善的动物疫病区域化评估认可体系，由动植物卫生检疫局（The Animal and Plant Health Inspection Service，APHIS）牵头，多个部门和机构联合构成了

美国区域化评估认可体系的主体，相关机构人员具有疫病流行病学调查和风险评估等方面的专业技术。因为该体系的建设和运行是基于该国相关的法律法规体系，所以动物疫病的区域化防控和区域化评估认可工作是依法进行的。

1. 美国区域动物疫病状况认可信息目录

区域动物疫病状况认可信息目录由 APHIS 根据《联邦法典》中关于 APHIS 动物疫病状况评价所需基本内容制定，APHIS 对其他国家或地区进行的区域疫病状况认可工作，主要目的是为了保证本国动物疫病风险不会因为动物及动物产品国际贸易而增加，主要是出于国际贸易的考量。申请地区兽医主管部门向 APHIS 提出针对本区域内某种动物疫病状况进行认可评估的请求后，应当根据目录要求的内容向 APHIS 提供本地区该种动物处于无疫状态的评估文件，同时 APHIS 也会根据申请地区提供的文件进行提前评估（或事前评估），以便找出在进行实地考察时应当重点考察的内容。一个典型的“区域动物疫病状况”评估过程主要包括原始信息收集工作、实地考察工作、风险评估工作及形成最终的评估报告，评估报告针对接受评估地区提出的所有监管措施都是在风险评估的基础上产生的。

在评估时，申请地区必须能够明确界定接受评估地区的具体界限，而且接受评估的整个地区必须能够便于 APHIS 工作人员抵达进行实地调查。申请接受评估的国家或地区就申请评估地区的情况进行详细说明并将以下内容在地图中进行标注：地区边界线、内部行政区划情况（主要为地区、地方两级）、缓冲区位置（如果设立）、主要城市和乡镇位置、主要公路和铁路情况、兽医主管机构总部位置、地区和地方两级兽医办公室位置、中央和地区两级官方实验室位置、允许动物及动物产品入境口岸位置（航空、航运、陆路等）。同时，确定每年向美国出口的主要动物性产品的主要种类，估算每种主要动物性出口产品的出口总量，提供这些出口动物性产品的来源动物中哪些动物是 APHIS 规定评估疫病的易感动物等信息。APHIS 区域动物疫病状况认可信息目录要求申请地区递交的内容主要包括申请地区的兽医管理与监督机构设置情况、接受评估动物疫病的流行病学信息和免疫接种情况、申请地区畜群数量监测与追溯机制实施情况、动物疫病预防能力、动物疫病监测体系建设情况、实验室诊断能力建设情况、应急准备与应急响应措施实施情况等七项内容，每个独立评估内容中又包含不同的评估要点。

2. 美国区域认可问题调查问卷内容

美国对向美国出口动物及动物产品的国家和地区的特定动物卫生状况进行风险评估。

风险评估的程序主要是：风险确认、释放评估、暴露评估、结果评估、风险计算。其中定性评估主要通过调查问卷形式开展，包括兽医管理机构设置；疫病监测；诊断实验室建设水平、能力；疫病暴发历史和疫病流行情况；假如已知该地区存在病原，是否有主动疫病控制计划；免疫状况；相邻地区的疫病流行和暴发历史；通过物理或其他屏障，对高风险地区进行隔离的情况；来自高风险地区的动物和动物产品的运输控制；实际家畜数量及销售情况；该地区动物疫病控制的政策和设施等十一方面的内容。

APHIS 于 1997 年 10 月发布了对外来动物疫病的评估认可程序，从 1998 年开始，美国已对澳大利亚、欧盟、日本等多个国家或地区的动物和动物产品，包括口蹄疫、猪瘟、新城疫、结核病、布鲁氏菌病等多种动物疫病实施了无疫认证。

(三) 区域区划中的风险级别的定性说明

美国《联邦纪事》对区域区划中的风险级别进行了定性说明。

1. 评估指标因素

无规定疫病区风险等级的影响因素有很多，例如毗邻地区存在疫病、动物贸易活动等，都有可能增加疫病进入无规定疫病区的风险，同一种疫病在不同地区间造成的风险也不尽相同。为了能够确定不同地区的风险等级，设立以下评估因素作为评估指标因素考虑：

地区的兽医服务机构的权威性、组织结构和基础设施建设情况；该地区疫病监测的类型和监测范围，如被动监测和/或主动监测；采样和试验的工作量和质量等；该地区疫病状况，是否存在某种疫病的病原？如果存在，其流行率是多少？若不存在，最后一次诊断到疫病的时间；如果该地区存在疫病病原，则实施的主动疫病控制计划的范围有多大；该地区的疫苗接种情况，最后一次接种疫苗的时间？如果现阶段仍然使用疫苗，其接种范围多大；毗邻地区的疫病状况，与其他高风险地区相互隔离所使用的物理或其他屏障情况；控制高风险地区动物及动物产品进入该地区的移动控制措施的实施范围，以及移动过程中要求采用的生物安全措施等级；该地区在动物疫病控制方面建立的相关政策和基础设施情况，如应急响应能力等内容。

在实际评估中，一个地区经常受到多种因素的共同影响，例如有低流行率但是疏于边界控制而导致疫病从毗邻地区进入，或者有严格的边界控制措施但区域内有很高的疫病流行率。两个具备相同流行病学史和疫病流行率的地区，可能会因为免疫策略的不同而具备不同的疫病风险等级。

2. 风险级别

《联邦纪事》中将动物疫病状况评估指标层设为兽医人员技术服务能力、疫病流行病学史与免疫情况、牲畜存栏与追溯体系、疫病防疫能力、疫病检测、实验室诊断能力及应急响应等七部分，同时将动物疫病状况等级划分为可忽略风险、轻微风险、低风险、中等风险、高风险等五个等级。同时描述了每个风险级别的判定标准。

三、我国动物疫病风险评估进展情况

（一）进境动物和动物产品的风险评估

1. 出台《进境动物和动物产品风险分析管理规定》

为规范我国进境动物和动物源性产品风险分析工作，防范外来动物疫病的传入、保障农牧渔业安全生产、保护人体健康和生态环境，国家质量监督检验检疫总局根据《中华人民共和国进出境动植物检疫法》及其实施条例，参照世界贸易组织（WTO）《实施卫生和植物卫生措施协定》（SPS协定）的有关规定，于2002年10月18日由局务会议审议通过《进境动物和动物产品风险分析管理规定》，自2003年2月1日起开始施行。

该规定中涉及风险评估要素设定的法律条文主要有两条：第三章第十五条、第十六条。其中第十五条规定："传入评估应当考虑以下因素：（一）生物学因素，如动物种类、年龄、品种，病原感染部位，免疫、试验、处理和检疫技术的应用；（二）国家因素，如疫病流行率，动物卫生和公共卫生体系，危害因素的监控计划和区域化措施；（三）商品因素，如进境数量，减少污染的措施，加工过程的影响，贮藏和运输的影响。传入评估证明危害因素没有传入风险的，风险评估结束。"第十六条规定："发生评估应当考虑下列因素：（一）生物学因素，如易感动物、病原性质等；（二）国家因素，如传播媒介，人和动物数量，文化和习俗，地理、气候和环境特征；（三）商品因素，如进境商品种类、数量和用途，生产加工方式，废弃物的处理。发生评估证明危害因素在我国境内不造成危害的，风险评估结束。"

可以看出，我国对进境动物和动物源性产品进行风险分析时主要是分析其生物学因素、进口国家因素和商品因素，仔细将以上三个因素的子因素进行分类可以将评估因素划分为产品特征、区域特征、疫病状况、兽医人员与机构、实验能力、疫病预防、疫病监测、检疫监管、应急响应等。

2. 制定发布《进出境动物和动物产品风险分析程序和技术要求》

为了规范《进境动物和动物产品风险分析管理规定》对进出境动物和动物产品传播动物疫病的风险进行分析的工作程序和技术要求，国家质量监督检验检疫总局于2010年3月2日发布，同年9月16日实施了《进出境动物和动物产品风险分析程序和技术要求》(SN/T 2486—2010)，主要就进出境动物和动物源性产品风险分析的信息收集、危害确认、风险评估等内容做出了要求。比较系统地总结了WOAH风险评估和SPS有关风险评估的相关内容，并制定了较为完整的进出口风险评估框架，为我国动物及动物源性产品进口风险分析工作制定了较为完善的执行标准。

3. 制定发布《进境动物及其产品风险分析技术规范》

为进一步强化全国动物卫生风险评估工作，规范技术评估流程，提高评估工作效率，确保风险评估工作更加科学、公正，根据《中华人民共和国生物安全法》《中华人民共和国进出境动植物检疫法》等法律法规，农业农村部畜牧兽医局于2024年2月发布了《进境动物及其产品风险分析技术规范》。

(1) 风险分析原则　坚持科学合理、公正客观的原则，采用国际通用的风险分析方法，并与海关总署等部门、国内有关行业协会以及被评估国家（地区）兽医机构、企业等及时交流意见和信息，认真审查出口国（地区）提交的相关信息数据的合理性、准确性和时效性，公正全面、客观开展书面评估和实地评估。

(2) 工作程序　全国动物卫生风险评估专家委员会办公室（以下简称“委员会办公室”）接到农业农村部畜牧兽医局（以下简称“部畜牧兽医局”）下达的某个国家（地区）进境动物及其产品的评估任务后，在10个工作日内遴选委员或专家组成书面评估专家组。除特殊情况外，需在35个工作日内完成书面评估工作。如被评估国家（地区）提交的信息不完整，需补充材料，委员会办公室要及时反馈部畜牧兽医局。

通过书面评估且具备开展实地评估条件的，由农业农村部畜牧兽医局组建实地评估专家组，专家组赴有关国家（地区）开展实地评估，了解特定动物疫病防控相关情况。委员会办公室根据书面评估和实地评估情况，完成风险评估报告报送部畜牧兽医局。

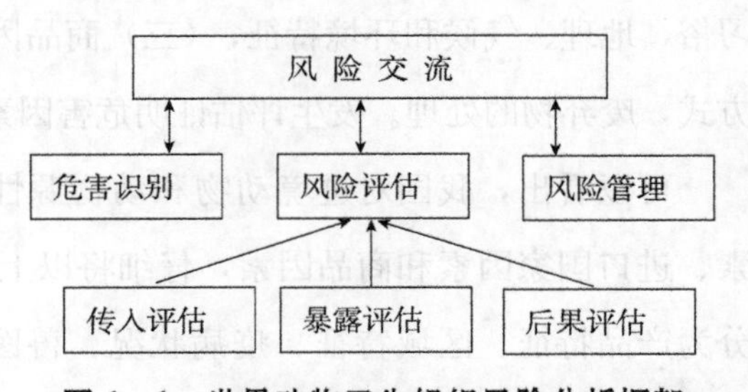

图1-1　世界动物卫生组织风险分析框架

(3) 书面评估　该规范参照WOAH风险分析框架（图1-1），将进境动物及其产品风险分析分为四个阶段：第一阶段进行评估前的准备；第二阶段开展危害识别；第三阶段分步骤开展风险评估，一般按照传入评估、暴露评估、后果评估的结构性程序评价特定动物疫病传入的危害程度和可能性；第四阶段提出风险管理建议并评价其执行效果。

（4）实地评估　评估专家结合书面评估结果，通过实地考察的方式对相关信息和数据进行核实验证，详细记录实地考察中发现的问题及风险点，完成实地考察评估报告。实地评估涉及的场所：国家及地方畜牧兽医主管部门、国家及地方兽医实验室、饲料检测实验室、出入境检疫机构及口岸（边境）检查站，有代表性的种用及商品动物养殖场、育肥场、屠宰场、加工厂（肉骨粉加工厂）、饲料加工厂、交易场所、隔离场所、无害化处理场所。针对每种场所规定了相应的评估要素。

（5）风险评价　专家组依据书面评估和实地评估情况，对被评估国家（地区）各项风险因素的实际水平开展评价，判定整体风险水平，为制定风险管理措施提供参考依据。明确在法律法规、兽医机构体系、实验室体系、标识追溯、区域化管理、动物移动控制、动物卫生监督、饲料及风险物质监管、监测、疫情报告、流行病学调查、应急处置、进境隔离检疫共 13 个方面应达到的基本条件。

（6）风险评估结论　综合传入评估、暴露评估和后果评估的结果，评价危害引起风险的总体量。将风险等级分为五级，分别为可忽略、低、中、高和非常高。

（7）风险管理建议　评估专家依据风险分析结果提出风险管理建议，风险管理建议一般包括：将评估确定的风险水平与我国可接受的风险水平相比较，确定进境的风险水平；后续风险管理措施建议；提出风险管理措施执行情况的监督建议，以确保风险管理取得预期的效果。

4. 风险评估在进口贸易的应用

一是根据各国或地区向 WOAH 报告的疫情信息，结合疫情报告国或地区对我国出口动物及相关产品的情况，由海关总署和农业农村部共同以公告形式及时发布有关贸易禁令；二是根据风险评估结果，认可某国或某地区的某种动物疫病流行情况达到解禁条件，解除对该国和该地区曾发布的贸易禁令，允许符合我国法律法规规定的相关动物及动物产品进口我国。

以 2023 年为例，通过查询农业农村部畜牧兽医局网站，海关总署和农业农村部 2023 年共同发布 29 条公告，其中属于贸易禁令的有 18 条，涉及 26 个国家 7 个病种（非洲猪瘟、小反刍兽疫、蓝舌病、绵羊痘和山羊痘、口蹄疫、高致病性禽流感、非洲马瘟）；属于解除贸易禁令的有 11 条，涉及 11 个国家 5 个病种（高致病性禽流感、口蹄疫、牛结节性皮肤病、猪瘟、猪水疱病）。

（二）全国动物卫生风险评估工作

1. 成立了全国动物卫生风险评估专家委员会

2007 年 11 月 15 日，为健全我国动物卫生风险评估体系，完善动物疫病控制手段，农业部成立全国动物卫生风险评估专家委员会。主要职责：①制定全国动物卫生风险评估规划和计划，提出动物卫生风险评估的方针、政策及技术措施建议；②审定动物卫生风险评估准则、指南等规范性技术文件；③负责重大动物疫病、外来动物疫病和新发动物疫病的风险评估工作；④负责动物卫生状况、动物及动物产品卫生安全水平等风险评估工作，审议有关动物卫生风险评估报告；⑤研究评估世界动物卫生组织（WOAH）、联合国粮食及农业组织（FAO）和世界贸易组织（WTO）相关动物卫生风险评估标准、准则，并提出对策建议；⑥开展动物卫生风险评估科学研究、学术交流与国际合作工作；⑦负责全国动物卫生风险评估技术指导和培训工作；⑧审议修订委员会章程，审查委员会的工作报告；⑨审核委员会经费预算及决算；⑩完成农业部交办的其他有关事项。委员会下设办公室，办公室为委员会的常设办事机构，设在中国动物卫生与流行病学中心。

2. 无规定动物疫病区评估

（1）出台相关规章制度和技术文件　农业部于 2007 年 1 月发布《无规定动物疫病区评估管理办法》（农业部令第 1 号），2017 年 5 月对该办法进行了修订，主要包括总则、申请、评估、公布、监督管理和附则共六章内容。

农业部于 2007 年 1 月印发《无规定动物疫病区管理技术规范（试行）》，2016 年 10 月通过修订《无规定动物疫病区管理技术规范（试行）》，形成《无规定动物疫病区管理技术规范》，该规范规定了口蹄疫、高致病性禽流感、小反刍兽疫等 19 种动物疫病的无疫区标准，并针对性地制定了畜禽饲养场、动物隔离场、屠宰厂（场）、动物无害化处理场四类场所动物卫生管理规范，以及防疫档案、疫病监测、动物及动物产品输入和过境管理、疫病风险评估等方面的技术规范或准则。

为推进非洲猪瘟区域化防控，结合非洲猪瘟防控实际，农业农村部办公厅于 2019 年 12 月印发《无非洲猪瘟区标准》。2020 年 6 月，农业农村部办公厅印发《关于加快推进非洲猪瘟无疫区和无疫小区建设及评估工作的通知》，分区域、分场群防控非洲猪瘟，加快建成一批非洲猪瘟无疫小区，建设一批非洲猪瘟无疫区。

（2）动物疫病风险分析准则　动物疫病风险分析一般包括危害确认、风险评估、风险管理和风险交流四个部分。风险评估分为释放评估、暴露评估和后果评估 3 个步骤，其中：释放评估包括引入或过境动物或动物产品的输出地、无规定动物疫病区内及其周边地区、无规定动物疫病区内及其周边地区的野生动物存在规定动物疫病感染的释放评估及其他可能影响无疫状态的风险因素的释放评估，经释放评估后，若证明不存在风险，即可做出风险评估结论，若存在释放风险，则开展暴露评估；暴露评估需要考虑疫病特点、可能的暴露途径、政策及管理因素，经暴露评估后，若证明不存在风险，即可做出风险评估结论，若存在暴露风险，则启动后果评估；后果评估包括直接后果（动物感染、发病、生产损失）和间接后果（监测、控制成本、损失赔偿、潜在贸易损失、对环境不良影响、社会经济后果）。

风险评估结果分为定性和定量两种。定性风险评估将风险等级分为可忽略、低、中等和高（表 1－1），将不确定性分为低、中、高和未知（表 1－2），专家组可依据评审情况和评判标准，确定各风险因素所在的风险等级，并依据所掌握的信息，确定不确定性等级，填写评估结论表（表 1－3）。定量风险评估结果一般包括 5 项内容：计算一定时期内健康状况可能受到不同程度影响的畜禽或人类的数量，概率分布、置信区间及其他表示不确定性的方式，计算所有模型输入值的方差，灵敏度分析，模型输入值之间的依赖性及相关性分析。在实际工作中，由于各类数据的全面性、准确性、时效性所限，风险评估结果以定性为主。

评估活动结束后，经与各利益相关方充分进行风险交流，参照评估结论表，在对各个风险因素的风险水平、不确定性水平及可能造成的后果分别进行描述的基础上，判定无规定动物疫病区规定动物疫病的整体风险水平，为下一阶段实施风险管理措施提供参考依据。

表 1－1　风险等级

风险等级	定义
可忽略	危害几乎不发生，并且后果不严重或可忽略
低	危害极少发生，但有一定后果
中等	危害有发生的可能性，且后果较严重
高	危害极有可能发生，且后果严重

表 1-2 不确定性等级

低	开展有效的风险交流，数据翔实、系统，信息来源可信且文件齐全，对风险交流中的不同意见进行了合理处理，所有评估专家给出相似的评估结论
中	开展了风险交流，数据较为翔实、全面，信息来源较为可靠且文件齐全，对风险交流中的不同意见进行了处理，不同评估专家给出的评估结论存在差异
高	没有开展风险交流，数据翔实性较差，信息来源不太可靠，文件不齐备，评估专家仅凭借未发布的资料和现场考察或交流获取相关信息，不同评估专家给出的评估结论存在较大差异
未知	数据和信息来源不可靠，没有充分有效地收集信息，风险评估时间仓促

表 1-3 评估结论表

序号	被评估风险因素	风险等级	不确定性等级
1			
2			
3			
…			

风险评估专家委员会或专家组在获得风险评估结论后，向所在省份兽医主管部门提交风险管理措施建议，一般包括：确定风险管理目标；开展风险评价，比较风险评估确定的风险水平和无规定动物疫病区的可接受水平；拟定和选择风险处理方案，风险处理方案的评价和实施；监督及评审，对风险管理措施的不间断评估。

（3）评估工作进展　截至 2023 年底，通过免疫无口蹄疫区评估的是海南省、胶东半岛、吉林省、山东省，通过免疫无高致病性禽流感区评估的是胶东半岛、山东省，通过无规定马属动物疫病区评估的是广东省广州市从化区、浙江省杭州市桐庐县。

3. 无规定动物疫病小区评估

（1）出台相关规章制度和技术文件　为指导各地建设无规定动物疫病小区，规范评估管理活动，农业农村部于 2019 年 12 月发布《无规定动物疫病小区评估管理办法》（农业农村部第 242 号），明确农业农村部设立的全国动物卫生风险评估专家委员会承担无规定动物疫病小区评估工作，省级人民政府畜牧兽医主管部门设立省级动物卫生风险评估专家委员会，承担无规定动物疫病小区自评估工作；无规定动物疫病小区建设和评估应当符合有关国际组织确定的生物安全隔离区划及风险评估的总体要求，遵循政府引导、企业建设、行业监管、专家评估的原则；确定了无规定动物疫病小区评估申请书（基本样式）和无规定动物疫病小区现场评审表。

同月，农业农村部办公厅印发《无规定动物疫病小区管理技术规范》。该规范规定了非洲猪瘟、口蹄疫等7种疫病的无疫小区标准，同时制定了疫病风险评估、生物安全管理、疫病监测、消毒技术和动物卫生监督管理等规范或准则。

2021年7月，农业农村部办公厅《关于推进牛羊布病等动物疫病无疫小区和无疫区建设与评估工作的通知》进一步明确了免疫无布鲁氏菌病小区标准、无牛结核病小区标准。

（2）规定动物疫病风险评估准则　无规定动物疫病小区的动物疫病风险评估工作一般包括风险识别、风险评估、风险交流和风险管理四个部分。

风险识别主要针对5项周边环境因素、10项选址布局因素、8项设施设备因素、14项防疫管理因素、5项人员管理因素、5项投入品管理因素、4项运输管理因素及其他因素逐项开展风险识别，确定规定动物疫病传入、发生风险。

风险评估是指评估专家根据国家相关法规、标准，结合规定动物疫病病原特性及企业生产特点，在对各风险因素存在的问题、风险水平、不确定性水平及可能造成的后果进行分析评估的基础上，确定存在的主要风险，判定风险等级。风险等级按照规定动物疫病病原传入的可能性及其产生后果的严重性，分为可忽略、低、中、高四个等级；不确定性等级分为低、中、高三级。风险等级和不确定性等级的判定标准与无规定疫病区评估类似。

风险管理措施建议一般包括：确定风险管理措施改进目标，存在的问题及差距分析，改进措施建议（优先整改措施及长期整改措施）。

风险交流贯穿于无规定疫病小区风险评估全过程。

（3）评估工作进展　截至2023年底，全国已评估通过五批281个非洲猪瘟无疫小区、6个无高致病性禽流感小区、1个无高致病性禽流感生物安全隔离区、4个无新城疫小区、34个非免疫布鲁氏菌病无疫小区、2个免疫布鲁氏菌病无疫小区、6个牛结核病无疫小区。

（三）动物疫病风险评估模型的研究及应用

近年来，我国学者不断探索构建符合我国动物疫病流行特点的风险评估模型，通过对动物卫生风险评估模型构建相关研究文献进行检索、收集、整理和汇总，对此项研究工作的动态和进展有了较为全面的了解。

1. 动物疫病风险评估模型的研究现状

多数文献采用《WOAH陆生动物卫生法典》中的进口风险分析（Import risk analysis，IRA）为基础构建风险评估模型，评估模型构建主要运用定性、定量和定性与定量相结合的方法。定性与定量相结合方法被广泛应用于模型构建，多集中于德尔菲法和层次分析法，可见在评估模型构建研究中主要依赖专家的专业经验，使评估模型更符合动物疫病防控的实际需要。定性研究主要是利用既往研究文献、流行病学资料和专家经验，并结合统计学和信息学等相关学科领域的知识，确定模型结构、风险因素和应用方法，构建风险因素层级，确立各指标权重（也称权数或加权系数），以使评估模型符合实际要求，最终根据风险估算结果提出可行的风险管理措施及建议。定量研究是在定性研究基础上，确定某动物疫病发生的关键风险路径，运用情景树法结合数理统计方法，逐步确定各关键风险点发生风险概率，提出特定情景下该疫病通过该风险路径发生的风险概率，最终根据风险概率提出风险管理措施及建议。

动物疫病风险评估模型一般包括模型框架结构、关键要素及要素权重、风险估算三方面内容。

评估模型框架结构：评估模型框架结构包括层次结构、情景树结构及其他结构。大部分评估模型要素指标体系采用层次结构（图 1-2），少部分评估模型采用情景树结构（图 1-3）。层次结构模型中二级结构主要包括准则层和指标层，三级结构包括目标层、准则层和指标层，四级结构在三级结构的基础上针对特定指标进行拓展。德尔菲法主要用于指标池的构建及指标要素权重确定，层次分析法则仅用于指标要素权重确定方面。

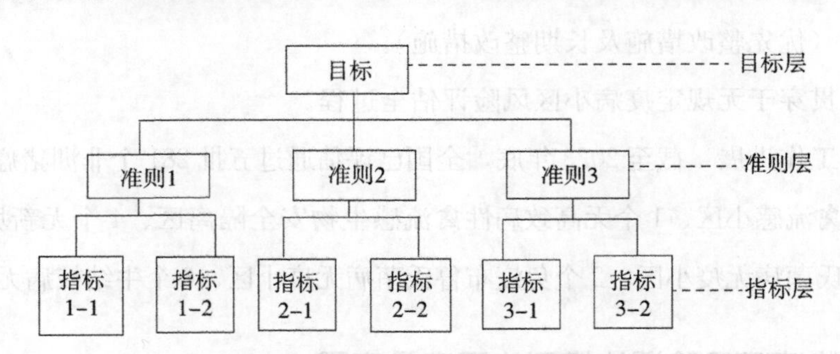

图 1-2　层次结构风险评估模型示意

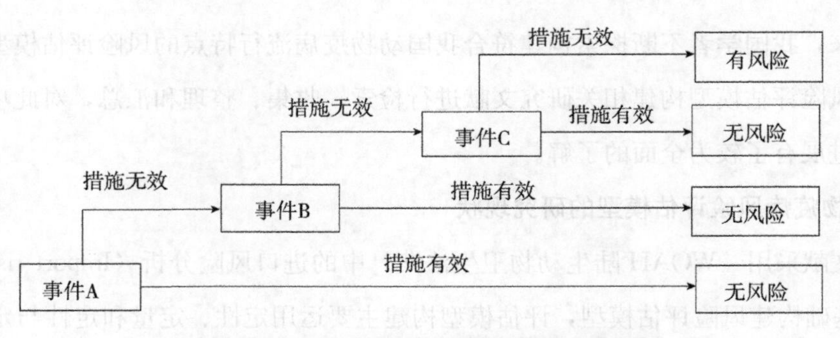

图 1-3　情景树结构风险评估模型示意

评估模型关键要素识别：评估模型关键要素识别方法会根据评估目标不同而有所差异，但目的是一致的，即客观、全面、准确地找出关键风险因素。部分研究从宏观层面探讨动物疫病发生风险的关键要素，提出相应的风险管理措施，所采用的关键要素识别方法包括文献回顾、专家咨询及流行病学三要素理论，对整体层面上的风险因素进行识别，并不针对某疫病的特有风险因素进行相应分析。大部分研究从微观层面探讨单一动物疫病发生风险的关键要素，提出相应的风险管理措施，所采用的关键要素识别方法包括流行病学调查、专家咨询、问卷调查、现场调查和文献回顾等方法，同时运用流行病学三要素理论进行关键要素识别。

评估模型指标权重：评估模型权重包括定性判断指标和定量权重两类。定性判断指标运用描述性语言对要素的重要性或一致性进行阐述，如普通项、关键项和特别关键项等。定量权重则是通过数据运算得到评估要素的具体权重数值，对层次结构模型而言，一般情况下会设定目标层权重为常数 1，运用层次分析法或德尔菲法，计算准则层和指标层中各指标的权重。

风险估算：当前风险估算方法包括定量计算和定性评估两种。情景树结构评估模型主要运用定量计算方式进行风险估算，估算结果具有条件指向性，仅对特定动物疫病通过特定路径发生的风险进行阐述。层次结构评估模型的风险估算是对不同层次要素权重与要素评估赋值的综合运算，其结果包括定量计算结果和定性评估结果两类。定性评估结论是结合定性分析各层次要素重要性和定性描述，根据各要素的定性评估与风险判断结果，推导出风险估算结果。定量计算评估结果是通过计算各层次要素定量权重与评估赋值，对各要素的实际赋值与权重进行数据运算得出指标层权重和准则层权重，再通过综合运算得出目标层的具体数值，而后将目标层数值与风险分级表内风险数值范围进行比较，从而得出动物疫病发生的风险估算结果。

总体看，动物疫病风险评估模型理论研究较为薄弱，在模型定义、构建原则、验证评价、可操作性等方面仍有待深入研究。当前国际通行的风险评估模型主要是过程性模型，是对风险评估程序的概括性阐述，如何基于动物疫病流行病学相关理论，构建符合动物疫病发生、发展和流行特点的风险评估模型，仍未得到广泛关注和充分研究。

2. 动物疫病风险评估模型的应用

动物疫病风险评估模型可应用于诸多方面：在动物疫病防控方面，可为抵御外源性疫病和防控区域内动物疫病传播提供科学判断，为动物疫病风险管理提供技术支持；在区域性疫病状况评估方面，通过运用风险评估模型，可以在充分考虑被评估区域动物疫病风险特点的前提下，提出更为符合实际的区域区划风险管理措施；在重大动物疫病应急管理方面，针对重大动物疫病设计风险评估模型，便于不同地区根据自身特点评估重大动物疫病发生风险及关键风险点，针对性地采取预防、控制和扑灭措施；在养殖场所疫病防控方面，针对不同规模、不同畜禽种类饲养场和屠宰企业制定符合行业特点的动物疫病风险评估模型，可以提高养殖场所抵御动物疫病风险的能力，识别主要危害和评估危害发生的可能性及造成的后果，积极采取预防性措施。

动物疫病风险评估模型的实际应用存在明显不足。研究构建的风险评估模型需要通过实例验证，以确定模型是否具备逻辑合理性、完整性、准确性、可接受性、实用性和有效性，需明确评估模型框架和指标体系是否符合动物疫病防控实际，是否能够为基于风险的管理提供技术支持。从实际情况来看，仅有少数文献对所构建的风险评估模型进行了实例验证，不足整体文献数量的30%，可见多数研究仍属于文案研究，实例验证也多是基于运用以往资料的验证性研究，能应用到实际工作当中，并为风险管理提供决策依据的很少。

第二章

动物疫病风险评估概述

第一节　风险评估理论基础

一、动物疫病风险评估概念

（一）风险

“风险”一词的英文是“risk”，来源于古意大利语“riscare”，意为“todare”（敢），其实指的就是冒险，是利益相关者的主动行为，有某些正面的含意。从不同的角度出发，风险有不同的意义。对风险的理解也应该是相对的，因为它既可以是一个正面的概念，也可以是一个负面的概念，一方面与机会、概率、不测事件和随机性相结合，另一方面与危险、损失和破坏相结合。同时，结合风险演变的历史，可以将风险概括为：风险是由于个体认知能力的有限性和未来事件发展的不确定性，基于个体的主观评估对预期结果与实际结果的偏离程度及可能性进行的估计。

风险的定义有两方面：一方面强调了风险的不确定性，另一方面强调风险表现为损失的不确定性。由于在事件进行中，所带来的结果存在不确定性，可能是危害性的，也可能是有利性的，因此才会有风险这个概念。有风险不一定必然会有损失，而是可以通过一定的补救化险为夷。生物学的风险是指在特定情况下接触一种物质后，生物、系统或（亚）群体发生副反应的概率，也就是一种不确定性。

（二）动物疫病

动物疫病是指对人类和动物危害严重，并且可能造成重大经济损失，需要采取严格控制、扑灭等措施，防止扩散的，或国外新发现并对畜牧业生产和人体健康有危害或潜在危害的，或列入国家控制或者消灭的动物传染病和寄生虫病。

《中华人民共和国动物防疫法》把动物疫病分为以下三类：

（1）一类疫病　是指口蹄疫、非洲猪瘟、高致病性禽流感等对人、动物构成特别严重危害，可能造成重大经济损失和社会影响，需要采取紧急、严厉的强制预防、控制等措施的。

（2）二类疫病　是指狂犬病、布鲁氏菌病、草鱼出血病等对人、动物构成严重危害，可能造成较大经济损失和社会影响，需要采取严格预防、控制等措施的。

（3）三类疫病　是指大肠杆菌病、禽结核病、鳖腮腺炎病等常见多发，对人、动物构成危害，可能造成一定程度的经济损失和社会影响，需要及时预防、控制的。

（三）动物疫病风险

按照 WOAH 的有关规定，动物疫病风险是指动物疫病在特定区域内发生、定殖或扩散的可能性，以及由于上述危害对动物和人类健康等方面可能造成的不利影响。这种风险包括动物疫病发生和发展的两方面风险。动物疫病发生的风险是指动物或动物产品受到致病微生物感染的可能性，而动物疫病发展的风险是指感染的动物或动物产品中致病性微生物扩散和增加的可能性。

（四）风险评估

风险评估是系统地采用一切科学技术及信息，在特定条件下，对动物、植物和人类或环境暴露于某危害因素产生或将产生不良效应的可能性和严重性的科学评价。风险评估分为两种方式：定性风险评估，是指用定性词语如“高”“较高”“中”“低”“极低”来表示发生某后果的可能性或其程度的评估活动；定量风险评估，是指用数字表示风险评估结果的评估活动。

（五）动物疫病风险评估

动物疫病风险评估是指对人们在进行动物及动物产品生产和其他相关经营活动过程中，动物或动物产品感染致病微生物及其扩散增加的可能性进行评价和估计（分析、估计、界定）。动物疫病风险评估是对动物发生传染病、寄生虫病的可能性及造成的危害进行定性和量化评估的过程，是对未来形势可能发展方向和程度的判断。

动物疫病风险评估是基于动物疫病流行规律和态势，结合动物疫病监测、流行病学调查、动物检疫监管等信息，综合分析研判动物及动物产品在区域内或跨区移动时感染、携带和传播动物疫病病原的风险。实行动物疫病风险评估，其目的在于根据风险评估的结果，有计划、有重点地实施动物疫病预防控制措施，保证动物防疫工作的科学性、合理性、经济性和有效性。

二、风险评估程序

风险评估程序一般可分为以下四个步骤：

（一）评估准备

确定评估的主要目标和任务，收集有关评估对象的资料和信息，包括数据、文字和图形资料，形成对评估对象的初步印象。风险评估目标作为整个评价工作的方向和基准，指导着以后的分析评价。

（二）评估设计

首先确认评估必须解决的问题，设计评估框架，主要包括评估的内容、重点、标准、指标和前提等；然后根据评估框架，确定信息的来源、类型和采集方式，以及信息覆盖的范围、精度等；其次选择适当的评估方法和工具；再次选择估计结果表达的方式；最终确定评估设计方案。

（三）信息获取和整理

确定合理的信息采集范围、方法和精确度。评估数据信息可从相关统计部门、公开发布的数据及相关报告、实地调查、问卷咨询、互联网等多渠道、多角度采集。尽量保证采集的数据充分、可靠和准确。对采集的各类数据信息进行分类、整理和初步分析，为综合评估做准备。如果某些关键数据信息缺乏，不符合要求或难以确定其置信度，则需要进行必要的补充调查。

（四）评估分析与综合评估

根据评估设计中要回答的问题和评估框架，运用综合评估方法进行分析评价，然后对评估初步结论进行确认或修正，形成正式评估结论。综合评估实施程序包括收集指标体系数据、确定风险评估基准、确定整体风险水平、进行风险等级判别、评估结果的评估与检验、评估结果分析与报告等步骤。

第二节　动物疫病风险评估方法

风险评估的方法有很多种，概括起来可分为三大类：定性评估方法、定量评估方法、定性与定量相结合的评估方法（综合评估法）。

一、定性评估方法

定性评估方法是通过对风险因素进行合理的逻辑推理，以确定风险发生的可能性及造成后果的严重性的方法。这种方法用文字表达风险水平，例如用“很可能”“可能”“不可能”等描述风险发生的可能性，以及用“很高”“高”“中等”“低”等来描述损失结果。在进行定性风险评估时，最常见的办法是专家调查法，对风险发生的可行性和损失后果做出定性描述，然后汇总得出风险评估结果。定性评估的优点是相对简单，易于操作、易于沟通；其缺点是不能对不确定性问题进行深入分析。

1. 德尔菲法（专家意见法）

德尔菲法又称专家意见法，是一种集合专家意见以做出判断的预测方法，常用于解决复杂的问题或预测未来的趋势。该方法通过一系列匿名问卷调查和反馈，研究和分析参与者的意见并达成共识。这种方法具有许多优点，如高度可靠性、专家参与、预测准确性高等。

通过对多位相关专家的反复咨询及意见反馈，确定影响某一特定活动的主要风险因素，然后制成风险因素估计调查表，再由专家和风险决策人员对各风险因素出现的可能性以及风险因素出现后的影响程度进行定性估计，最后通过对调查表的统计整理和量化处理获得各风险因素的概率分布和对整个活动可能的影响结果。

2. 情景分析法

情景分析法是对预测对象可能出现的情况或引起的后果做出预测的方法，即构造出多种不同的未来情景，然后确定从未来可能出现的各种情景到现在之间必须经历哪些关键的事件。主要应用于：识别系统可能引起的风险；确定项目风险的影响范围，是全局性还是局部性影响；分析主要风险因素对项目的影响程度；对各种情况进行比较分析，选择最佳结果。

二、定量评估方法

定量评估方法是使用数字来表述风险发生的概率和影响后果的方法。常用的手段是：一是使用蒙特卡洛模拟方法描述风险事件（包括不确定性和变异性）；二是使用代数法即利用概率理论建立模型描述风险事件。定量评估方法的优点是分析过程和结果直观、明显、客观、对比性强。缺点是量化过程中的简单化、模糊化会造成误解和曲解。定量评估方法有概率分析法、决策树分析法、蒙特卡洛模拟方法等。

1. 概率分析法

概率分析法就是使用概率预测分析各种风险因素的不确定性变化范围的一种定量分析方法，其实质是在研究和计算各种风险因素的变化范围，以及在此范围内出现的概率、期望值和标准差的大小的基础上，确定各种风险因素的影响程度和整体风险水平。概率分析法作为风险分析的一种方法，在实际应用中，只考虑各种风险因素的综合影响结果，对具体风险因素并不作详细考察。

2. 决策树分析法

决策树分析法就是利用树枝形状的图像模拟来表述风险评估问题，整个风险评估可直接在决策树上进行，其评价准则可以是收益期望值、效用期望值或其他指标值。决策树由决策结点、机会结点与结点间的分枝连线三部分组成。利用决策树分析法进行风险评估，不仅可以反映相关风险的背景环境，还能够描述风险发生的概率、后果及风险的发展动态。

3. 蒙特卡洛模拟方法

蒙特卡洛模拟方法是一种基于概率统计理论的数值计算方法，其基本原理是通过随机抽样的方式，模拟复杂系统的行为，并根据所得的样本数据进行统计分析。这种方法在经济统计学中有着广泛的应用，尤其是在处理不确定性和风险评估方面。

三、综合评估法

综合评估法就是将定性评估方法和定量评估方法这两种方法有机结合起来，做到彼此之间的取长补短，使评估结果更加客观、公正。在复杂的信息系统风险评估中，不能将定性分析与定量分析简单地分割开来。评估过程中对结构化很强的问题，采用定量分析方法，对于非结构化的问题，采用定性分析方法，对于兼有结构化特点和非结构化特点的问题，采用定性与定量相结合的评估方法。综合评估方法有层次分析法、模糊综合评价法、多指标综合评价法等。

（一）层次分析法

层次分析法，是指将一个复杂的多目标决策问题作为一个系统，将目标分解为多个目标或准则，进而分解为多指标（或准则、约束）的若干层次，通过定性指标模糊量化方法算出层次单排序（权数）和总排序，以作为目标（多指标）、多方案优化决策的系统方法。

层次分析法是将决策问题按总目标、各层子目标、评价准则直至具体的备选方案的顺序分解为不同的层次结构，然后采用求解判断矩阵特征向量的办法，求得每一层次的各元素对上一层次某元素的优先权重，最后再通过加权和的方法递阶归并各备选方案对总目标的最终权重，此最终权重最大者即为最优方案。这里所谓“优先权重”是一种相对的量度，它表明各备选方案在某一特点的评价准则或子目标下优越程度的相对量度，以及各子目标对上一层目标而言重要程度的相对量度。层次分析法比较适合于具有分层交错评价指标的目标系统，而且目标值又难于定量描述的决策问题。其用法是构造判断矩阵，求出其最大特征值及其所对应的特征向量 W，归一化后，即为某一层次指标对于上一层次某相关指标的相对重要性权值。

层次分析法的基本思想是把复杂问题分解为若干层次，在最底层通过两两相比得出各因素的权重，通过由低到高的层层分析计算，最后计算出各方案对总目标的权数，为决策者提供决策依据。

（二）模糊综合评价法

模糊综合评价法，能够对多种属性的事物，或者说，其总体优劣受多种因素影响的事物，做出一个合理地综合这些属性或因素的总体评判。在风险评估实践中，有许多事件的风险程度是不可能精确描述的，可以利用模糊数学的知识进行风险衡量和评价。模糊评价可以把边界不清楚的模糊概念用量化的方法表示出来，为决策提供支撑，是一种应用广泛的评价方法。其缺陷主要在于评价要素及其权重的确定具有主观性。

模糊综合评价法是应用模糊关系合成的特性，从多个指标对被评价事物隶属等级状况进行综合性评判的一种方法，它把被评价事物的变化区间做出划分，又对事物属于各个等级的程度做出分析，这样就使得对事物的描述更加深入和客观，故而模糊综合评价法既有别于常规的多指标评价方法，又有别于打分法。

模糊综合评价法的数学模型主要包括模糊综合评价函数和模糊综合运算。模糊综合评价函数用于定义评价问题中各个因素和指标之间的关系，通常使用模糊关系矩阵表示。模糊综合运算则是通过对各个因素和指标进行模糊运算，得出最终的评价结果。

在模糊综合评价函数中，通常使用隶属函数来描述各个因素和指标的隶属度。隶属函数是一种将实数映射到［0，1］之间的函数，在模糊集合理论中具有重要作用。通过隶属函数，我们可以定量地描述评价问题中各个因素和指标之间的模糊关系。

模糊综合运算是模糊综合评价法的核心步骤。常用的模糊综合运算方法包括模糊加法、模糊乘法、模糊最大化等。这些方法能够更好地处理评价问题中的模糊性和不确定性，提高评价结果的准确性和可信度。

（三）多指标综合评价法

多指标综合评价法，是通过一定的数学模型或算法将多个评估指标值“合成”为一个整体性的综合评估值。它是将多个在内容、量纲、评价方法及评价标准等方面均不统一的指标进行标准化处理，使各指标之间的评价结果或得分值具有可比性，再通过一定的数学模型或算法将多个评估指标值计算为一个整体性的综合评估值。将每个指标的标准分值与其权重进行加权平均，就得到风险评估的总分值。多指标综合评价法是风险评估的常用方法。

第三章

风险识别

风险识别是风险评估的基础，是认知风险的存在，并确定其特性的过程。风险因素是指在特定情况下可能对目标产生负面影响的不确定因素。风险因素识别是指对影响各类目标实现的潜在事项或因素进行全面识别，进行系统分类并查找出风险原因的过程。风险识别包括对风险源、事件及其原因和潜在后果的识别，风险识别可能涉及历史数据、理论分析、专家意见以及利益相关者的需求。

第一节　风险识别的概念与目的

一、风险识别的概念

动物疫病风险识别是对能引起某种动物疫病发生和传播风险因素的识别，风险识别时多以动物流行病学、动物传染病学及免疫学等学科知识作为理论基础，结合历史经验和实际情况，关注区域或养殖场（户）是否有引入、感染和传播动物疫病的潜在风险。

二、风险识别的目的

通过对可能影响动物疫病状况的各种潜在的风险因素进行识别和分析，有助于全面评估动物疫病发生风险，从而采取有效的措施来预防和应对风险。

第二节　风险识别的内容与步骤

一、风险识别的内容

风险识别主要包括以下几个方面内容：

（1）确定风险识别的目标。

（2）识别各种潜在的风险因素。

（3）分析风险引起的可能后果以及定性评估后果的严重性。

（4）确定风险筛选的标准。

（5）研究风险控制措施。

二、风险识别的步骤

风险识别通常是指由具有流行病学和风险分析知识技能、较丰富实践经验、熟悉特定领域专业知识的专家进行的头脑风暴过程，通常包括以下过程：

（一）明确风险识别的目的和范围

明确风险识别的目的和范围，提出资源配置需求和时间需求，为后续的风险评估和管理提供依据。

（二）成立专家组

根据风险识别的目的和范围，成立专家组。专家组成员包括流行病学专家、相关领域研究人员、动物疫病预防控制机构技术人员、养殖场养殖和兽医技术人员等。

（三）过程分析

风险识别常用的方法有经验分析法、专家调查法、情景树分析法、流程图法、故障树分析法、现场调查法等。应用认可的风险识别方法，对过程的每个部分或环节依次进行风险因素识别。所有的识别结果应进行记录，风险因素识别的结果应以列表或日志的形式记录下来。风险识别的结果应包括以下几个方面：

（1）识别出所有的风险因素。

（2）鉴定出相关的风险事件和后果，并基于风险将它们排序。

（3）分析风险原因和潜在风险事件的联系。

（4）识别出导致主要风险事件的风险。

（5）提供识别、评估、筛选风险以及根除或降低风险控制措施的依据。

■ 第三节　风险识别的方法

风险识别的方法多种多样，有主观的，也有客观的，目前应用较为广泛的风险识别方法如下：

一、文献分析法

主要通过大量浏览查阅与研究对象相关的文献，对过去专家学者的研究结论进行梳理，总结出已知的风险类型。采用这种方法可以用较快的速度全面地识别出已知的风险，但是需要耗费大量的时间和精力对文献进行阅读总结，工作量较大。

二、经验分析法

经验分析法包括对照分析法和类比方法。对照分析法是对照有关标准、法规、检查表或依靠分析人员的观察能力，借助于经验和判断能力，客观地对评价对象的风险因素进行分析的方法。类比方法是利用相同或类似环境和条件下的经验，以及动物卫生和公共卫生的统计资料来类推、分析评价对象的风险因素。

三、专家调查法

专家调查法又称德尔菲法，是一种征集若干专家意见以判断决策的系统分析方法。它适用于研究资料少、未知因素多、主要靠主观判断和粗略估计来确定的问题，是较多地用于长期预测和动态预测的一种重要的预测方法。德尔菲法非常适用于风险识别过程，也可以用于风险评估中对后果、可能性和风险等级进行分析。

四、情景树分析法

情景树分析法是一种能识别关键因素及其影响的方法。一个情景就是对一项活动或过程未来某种状态的描述，可以在计算机上计算和显示，也可用图表曲线等简述。采用这种方法研究某种因素变化时，整体相应的变化情况、有什么危害发生，就像一幕幕情景一样，供人们比较研究。动物及动物产品的进口风险分析可以采用情景树分析法进行分析。

五、流程图法

流程图法是将一风险事件按照其工作流程以及各个环节之间的内在逻辑联系绘成流程图，并针对流程中的关键环节和薄弱环节调查分析以识别风险的方法。例如，对猪肉进行食品安全的风险识别时，可以从养殖、屠宰加工、贮存、运输和销售等各个环节进行调查分析，看哪个环节可能存在风险、风险的可能来源、风险的大小和重要性，以及如何减少风险的影响等。

六、故障树分析法

故障树分析法是一种图形演绎法，是对故障事件在一定条件下的逻辑推理方法，把可能发生或已发生的事故作为分析起点，将导致事故的原因事件按因果逻辑关系逐层列出，用树形图表示出来，构成一种逻辑模型，然后通过对这种模型进行定性和定量分析，找出事件发生的各种途径及发生概率，进而找出避免事故发生的各种方案，并优选出最佳方案的一种分析方法。

七、现场调查法

现场调查法是指风险管理部门就风险主体可能或者已经遭受的危害进行详尽的调查，并出具调查报告，供风险决策者参考的一种识别风险因素的方法。在调查之初，根据明确的问题及目的，确定调查时间、地点、对象，编制调查表，然后进行实地调查和访问，取得原始资料，然后根据调查情况撰写调查报告，指出被调查对象的风险点和整改方案。动物疫病的暴发调查就属于现场调查法。

第四章

风险因素权重赋值方法

风险评估模型中，确定因素的权重是至关重要的一环。因素权重的准确定义直接影响着风险评估模型的精准性和可靠性。在统计理论和实践中，权重是表明各个评价指标重要性的权数，表示各个评价指标在总体中所起的不同作用。通常，判断权重的方法大致可以归为三类：第一类是主观赋权法，如层次分析法、德尔菲法等；第二类是客观赋权法，如主成分分析法、熵权法、变异系数法等；第三类是将主观赋权法和客观赋权法相结合的综合赋权法。

第一节　主观赋权法

主观赋权法是根据决策者（或专家）主观上对各因素的重视程度来确定因素权重，其原始数据由专家根据经验主观判断而得到。常用的主观赋权法有层次分析法（AHP）、专家调查法（德尔菲法）、二项系数法、环比评分法、优序图法等。其中层次分析法是实际应用中使用得最多的方法，它能将复杂问题层次化，将定性问题定量化。随着层次分析法的进一步完善，利用层次分析法进行主观赋权的方法将会更加合理，更加符合实际情况。

主观赋权法的优点是专家可以根据实际的决策问题和专家自身的知识经验合理地确定各属性权重的排序，不至于出现属性权重与属性实际重要程度相悖的情况。但决策或评价结果具有较强的主观随意性，结果也容易受决策者的知识缺乏的影响，客观性较差，应用中有很大局限性。

一、层次分析法

层次分析法是一种简便、灵活的多维准则决策的数学方法，它可以实现由定性到定量的转化，把复杂的问题系统化、层次化。在应用时首先要明确所要最终解决的问题，其次建立包含最高层、中间层和最低层组合排序的层次分析结构模型，它的信息主要是基于人们对于每一层次中各因素相对重要性做出的判断，这种判断按 1～9 分值对比打分，做出判断矩阵。然后利用判断矩阵特征向量的方法求得各层次的权重，最后用加权和法得出各因素对总目标的最终权重。

层次分析法的核心是将决策者的经验判断定量化，增强了决策依据的准确性，在目标结构较为复杂且缺乏统计数据的情况下更为实用。应用层次分析法确定评价指标的权重，就是在建立有序递阶的指标体系的基础上，通过比较同一层次各指标的相对重要性来综合计算指标的权重系数。层次分析法是在 20 世纪 70 年代由著名运筹学家 T. L. Saaty 提出的，该方法对指标结构复杂而且缺乏必要数据情况下的指标权重的确定非常实用。

（一）层次分析法确定多因素权重分配步骤

1. 建立问题的递阶层次结构

把一个复杂问题分解成各个组成因素，把这些因素按照属性和支配关系分成若干组，形成不同层次。一般分为目标层 A，这一层次中只有一个元素，一般是分析的问题或评判的事物，因此也称目标层；准则层 B：作为目标层下的准则层因素，在复杂问题中，影响目标或评判事物的因素有很多，通过归类总结后，将对目标层有影响的因素放在第二层，称为准则层，准则层可能有很多指标层，所以引入 C 层也就是指标层来进一步说明准则层中的每个元素。它们的关系见图 4-1。

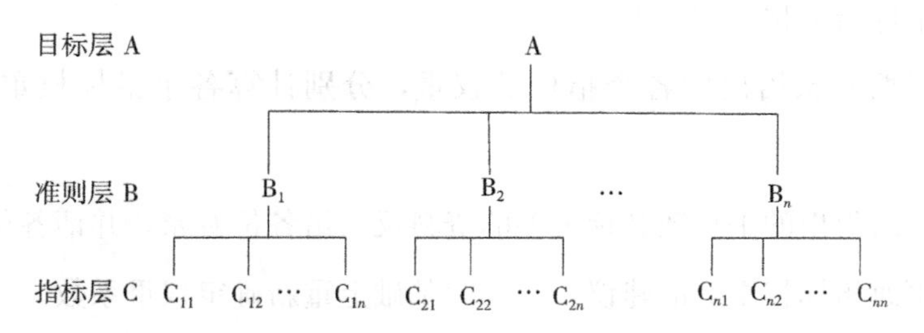

图 4-1　评价指标递阶层次结构

2. 确定指标的量化标准

层次分析法的核心问题是建立一个构造合理且一致的判断矩阵，判断矩阵的合理性受到标度的合理性的影响。所谓标度是指评价者对各个评价指标重要性等级差异的量化概念。确定指标重要性的量化标准常用的方法有：比例标度法和指数标度法。比例标度法是以对事物质的差别的评判标准为基础，一般以5种判别等级表示事物质的差别。当评价分析需要更高的精确度时，可以使用9种判别等级来评价，见表4-1。

表4-1　比例标度值体系（重要性分数 X_{ij}）

取值含义	1～9标度	5/5～9/1标度	9/9～9/1标度
i 与 j 同等重要	1	1　(5/5=)	1　(9/9=)
i 比 j 较为重要	3	1.5　(6/4=)	1.286　(9/7=)
i 比 j 更为重要	5	2.33　(7/3=)	1.8　(9/5=)
i 比 j 强烈重要	7	4　(8/2=)	3　(9/3=)
i 比 j 极端重要	9	9　(9/1=)	9　(9/1=)
介于上述相邻两级之间重要程度的比较	2、4、6、8	1.222　(5.5/4.5=) 1.857　(6.5/3.5=) 3　(7.5/2.5=) 5.67　(8.5/1.5=)	1.125　(9/8=) 1.5　(9/6=) 2.25　(9/4=) 4.5　(9/2=)
j 与 i 比较	上述各数的倒数	上述各数的倒数	上述各数的倒数

3. 确定初始权数

初始权数的确定常常采用定性分析和定量分析相结合的方法。一般是先组织专家，请各位专家给出自己的判断数据，再综合专家的意见，最终形成初始值。具体操作步骤如下：

第一步，将分析研究的目的、已经建立的评价指标体系和初步确定的指标重要性的量化标准发给各位专家，请专家们根据上述的比例标度值表所提供的等级重要性系数，独立地对各个评价指标给出相应的权重。

第二步，根据专家给出的各个指标的权重，分别计算各个指标权重的平均数和标准差。

第三步，将所得出的平均数和标准差的资料反馈给各位专家，并请各位专家再次提出修改意见或者更改指标权重数的建议，并在此基础上重新确定权重系数。

第四步，重复以上操作步骤，直到各个专家对各个评价项目所确定的权数趋于一致或者专家们对自己的意见不再有修改为止，把这个最后的结果就作为初始的权数。

4. 对初始权数进行处理

第一步，建立判断矩阵 A。通过专家对评价指标的评价，进行两两比较，其初始权

数形成判断矩阵 A，判断矩阵 A 中第 i 行和第 j 列的元素 X_{ij} 表示指标 X_i 与 X_j 比较后所得的标度系数。

第二步，计算判断矩阵 A 中的每一行各标度数据的几何平均数，记作 W_i。

第三步，进行归一化处理。归一化处理是利用公式 $W_i'=\frac{W_i}{\sum W_i}$ 进行计算，依据计算结果确定各个指标的权重系数。

5. 检验判断矩阵的一致性

检验判断矩阵的一致性是指需要确定权重的指标较多时，矩阵内的初始权数可能出现相互矛盾的情况，对于阶数较高的判断矩阵，难以直接判断其一致性，这时就需要进行一致性检验。

计算一致性指标。互反判断矩阵中矩阵的不一致性越严重，则最大特征根 λ_{max} 就会越大，因而，我们可以用 $\lambda_{max}-n$ 来衡量判断矩阵的不一致程度，互反判断矩阵的一致性指标定义为：$CI=\frac{\lambda_{max}-n}{n-1}$

计算一致性比例 CR。$CR=\frac{CI}{RI}$

RI 为平均随机一致性指标，是用于消除由矩阵阶数影响所造成判断矩阵不一致的修正系数。它是指同阶随机判断矩阵的一致性指标的平均值，其值可以通过文献查到。具体数值参见表 4-2。

表 4-2 平均随机一致性指标 *RI* 的值

矩阵阶数（n）	1	2	3	4	5	6	7	8	9
RI	0	0	0.58	0.90	1.12	1.24	1.32	1.41	1.46

当 $CR<0.1$ 时，一般认为判断矩阵的一致性可以接受；当 $CR>0.1$ 时，说明判断矩阵偏离一致性程度过大，必须对判断矩阵进行调整或重新进行评判，直到所得到的判断矩阵具有满意的一致性为止。

6. 计算所有因素对总目标的权重分配，并进行一致性检验

如果 B 层次某些元素对与 A_j 单排序的一致性指标为 CI_j，相应的平均随机一致性指标为 RI_j，则层次总排序随机一致性比率为：

$$CR=\frac{\sum_{1}^{m}a_jCI_j}{\sum_{1}^{m}a_jRI_j}$$

当 $CR<0.1$ 时，认为层次总排序结果具有满意的一致性，否则需要重新调整判断矩阵元素的取值。

（二）层次分析法优缺点

1. 层次分析法的优点

（1）将决策者依据主观经验知识的定性判断定量化，将定性分析与定量分析有机结合起来，充分发挥了两者的优势，一方面蕴含着决策者的逻辑判断和理论分析，另一方面又通过客观推演与精确计算，使决策过程具有很强的科学性，从而使得决策结果具有较高的可信度。

（2）将复杂评价问题进行层次化分解，形成递阶的层次结构，使复杂问题的评价更清晰、明确、有层次。

2. 层次分析法缺点

（1）指标权重的确定主要依赖于专家经验知识，所选择专家的不同很可能会导致权重分配结果的差异，具有主观随意性和不确定性。

（2）层次分析法的判断矩阵很容易出现严重不一致的情况，当同一层的指标很多，并且由于九级比例标度法很难准确掌握，决策者很容易做出矛盾且混乱的相对重要性判断。

二、专家调查法（德尔菲法）

专家调查法又称德尔菲法，依靠专家的知识和经验，由专家通过调查研究对问题做出判断、评估和预测的一种方法。这是最常用的一种方法，特别适合数据缺乏或原始信息量极大、涉及相关因素多的情况下指标权重的确定。

（一）德尔菲法确定权重的步骤

1. 准备阶段

（1）确定取值范围和权数跃值。

（2）编制权重系数选取表和选取说明。

2. 选择阶段

（1）选择专家　所选择的专家具有代表性、权威性和认真负责的态度。一般情况下，选择本专业领域中既有实际工作经验又有较深理论修养的专家10～30人。

（2）评价过程　熟悉、掌握评价标准和评价过程。

（3）专家在慎重仔细权衡各指标、因素差异的基础上，独立选取，将选取结果填入“权重系数选取表”中。

3. 处理阶段

对各位专家的选取结果采用加权平均的方法进行处理，可得出最后结果。

计算公式为：$\overline{X}=\frac{\sum X_i f_i}{\sum f_i}$

式中，$\overline{X}$ 为某指标或因素权重系数，X_i 为各位专家所取权重系数，f_i 为某权重系数出现的系数。

（二）德尔菲法优缺点

德尔菲法的可操作性和实用性较强，但是容易受到主观性的影响，因此需要选择对研究领域熟悉且具备一定权威性的专家。

三、二项系数法

二项系数法用于指标权重的确定最初是由中国学者程明熙于1983年提出的，后续主要在国内得到了较广泛的应用。

二项系数法的基本思想是先由 K 个专家独立对 n 个指标的重要性进行两两比较，经过复式循环比以及统计处理得到代表优先次序的各指标的指标值，再根据指标值的大小将指标按照从中间向两边的顺序依次排开，形成指标优先级序列，对序列中的指标重新按从左到右的顺序进行编号得到指标序列 $I_1 I_2 \cdots I_i \cdots I_{n-1} I_n$，从而根据二项系数的原理，第 i 个指标的权重分配值为 $W_i = C_{n-1}^{i-1}/2^{n-1}$。

二项系数法的优点主要有四方面：

一是将定性分析与定量计算有机结合，将主观经验知识定量化，增加了评价过程的科学性和条理性；

二是不需要对指标的重要性大小进行具体量化，只需要判断指标间的相对大小情况，专家判断相对容易，不会产生矛盾且混乱的判断；

三是采用二项展开式进行权重计算，方法简单易操作；

四是不受是否有样本数据的限制，能解决传统最优化技术无法处理的实际问题。

但该方法也存在一定的缺陷：

一是权重的确定主要依赖于专家经验知识的主观判断，存在随机性和不确定性；

二是在利用二项系数公式计算不同优先级的指标权重时会出现权重相同的情况，在指标优先级序列中左右对称的两指标计算出的权重值会相同，与实际情况会产生一定的偏差；

三是该方法只注重指标重要性的级别次序，而不关注指标间相对重要性的差异程度，权重分配会存在偏差。

总的来说，该方法对是否有样本数据没有限制，适用范围较广，尤其适用于那些缺乏先例，缺乏定量赋权经验的指标数量适中的多因素评价问题。

四、环比评分法

环比评分法简称 DARE 法，是一种对评价指标进行对比求相对权重的赋权方法。此方法的好处是不用过度关注庞大的指标体系，只需对比相邻指标的重要程度。

环比评分法是依据专家经验知识，将指标依次与相邻下一个指标进行重要性比较，综合多个专家的判断，确定相邻指标间的重要性比值，再以最后一项指标为基准，逆向计算出各指标的对比权，并进一步做归一化处理得到各指标权重。

环比评分法最早是由中国学者陆明生于 1986 年提出的，并在国内外得到了较广泛的应用。J. Xie 等在评价公路应急预案时也采用了该方法，先由专家自上而下对指标两两比较确定其重要度，再进行基准化和归一化处理得到权重，评价结果与现实选择相符，体现了方法的有效性。

环比评分法的优点主要体现在四方面：

一是将定性判断与定量计算有机结合，使评价过程更具条理性和科学性；

二是专家所需确定的指标重要性评价值数量较少，赋值过程相对简单；

三是单向依次确定指标相对重要度，不容易产生判断上的矛盾，也不需要进行层次分析法中的一致性检验，能有效解决复杂决策问题；

四是不受是否有样本数据的限制，能解决传统最优化技术无法处理的实际问题。

但该方法也存在一定的缺陷：

一是对专家知识的要求较高，需要专家对评判指标的重要性有很清晰的认识并能对每对相邻指标进行精准的量化比较，否则很容易使整个指标体系的权重分配产生较大偏差；

二是权重的确定主要依赖于主观经验知识，具有较大的不确定性和主观随意性。

总的来说，该方法对是否有样本数据无限制，适用范围较广，特别适用于能够对相邻评价指标的相对重要性做出较为准确的定量判断的各种评价问题中。

五、优序图法

优序图是美国人穆蒂（P. E. Moody）于1983年首次提出的。优序图法也是主观求权重的一种方法。比如将 n 个比较因素行、列分别写在 $n*n$ 的表格中，表格对角线划斜线，其他空余表格进行两两比较，重要的指标写“1”，反之，则写“0”，若写“0.5”则表示同等重要。计算权重时的计算公式如下：

$$a_i = \frac{A_i}{\sum_1^n A_i}$$

式中，a_i 为第 i 个指标的权重，A_i 为第 i 个指标的总得分，n 为指标的个数。

其一般分析步骤：

第一，计算出各分析项的平均值，接着利用平均值大小进行两两对比；

第二，平均值相对更大时计为1分，相对更小时计为0分，平均值完全相等时计为0.5分；

第三，平均值越大，意味着重要性越高（请确保是此类数据），权重也会越高。

第二节　客观赋权法

客观赋权法是指通过运用数理统计方法对各因素进行分析和评估，从而确定因素的权重。这类方法根据样本指标值本身的特点来进行赋权，具有较好的规范性。但其容易受到样本数据的影响，对不同的样本会根据同一方法得出不同的权数。应用中，当样本各指标独立性很强时，可以选择采用变异系数法；而样本指标过多，计算量过大时，主成分分析法无疑是一个很好的选择，使用该方法可以在较好的保持结果准确性的前提下，大幅减少工作量，因此该种方法被广泛采用。

客观赋权法主要根据原始数据之间的关系来确定权重，不依赖于人的主观判断，不增加决策分析者的负担，决策或评价结果具有较强的数学理论依据。但这种赋权方法依赖于实际的问题域，因而通用性和决策人的可参与性较差，计算方法大都比较烦琐，而且不能体现决策者对不同属性的重视程度，有时确定的权重会与属性的实际重要程度相悖。常用的客观赋权法包括主成分分析法、熵权法、因子分析法、标准离差法、关联函数法、变异系数法等。

一、主成分分析法

主成分分析也称主分量分析，利用降维的思想，把多指标转化为少数几个综合指标（即主成分），其中每个主成分都能够反映原始变量的大部分信息，且所含信息互不重复。这种方法在引进多方面变量的同时将复杂因素归结为几个主成分，使问题简单化，同时可得到更加科学有效的数据信息。在实际问题研究中，为了全面、系统地分析问题，我们必须考虑众多影响因素。这些涉及的因素一般称为指标，在多元统计分析中也称为变量。因为每个变量都在不同程度上反映了所研究问题的某些信息，并且指标之间彼此有一定的相关性，因而所得的统计数据反映的信息在一定程度上有重叠。主成分分析是对于原先提出的所有变量，建立尽可能少的新变量，使得这些新变量是两两不相关的，而且这些新变量在反映问题的信息方面尽可能保持原有的信息。信息的大小通常用离差平方和或方差来衡量。主成分分析法具有处理多个具有一定相关性变量的能力，因此，主成分分析法适用于任何领域的多变量分析。

（一）基本原理

对于主成分分析的原理可以简单地陈述如下：借助一个正交变换，将其分量相关的原随机向量 $X=(x_1, x_2, \cdots, x_p)^T$，转化成其分量不相关的新随机变量 $U=(u_1, u_2, \cdots, u_p)^T$，使之指向样本点散布最开的 p 个正交方向，然后对多维变量系统进行降维处理，使之能以一个较高的精度转换成低维变量系统。即它通过变量变换的方法把相关的变量变为若干不相关的综合指标变量，从而实现对数据集的降维，使得问题得以简化。

（二）计算步骤

1. 构造样本阵

$$X=\begin{pmatrix} x_1^T \\ x_2^T \\ x_n^T \end{pmatrix}=\begin{pmatrix} x_{11} & x_{12} & \cdots & x_{1p} \\ x_{21} & x_{22} & \cdots & x_{2p} \\ & & \cdots & \\ x_{n1} & X_{n2} & \cdots & X_{np} \end{pmatrix}$$

其中，x_{ij}表示第i组样本数据中的第j个变量的值。

2. 对样本阵 X 进行变换得 $Y=[y_{ij}]_{n\times p}$，其中

$$Y_{ij}=\begin{cases} X_{ij} & \text{对正指标} \\ -X_{ij} & \text{对逆指标} \end{cases}$$

3. 对 Y 做标准化变换得标准化阵

$$Z=\begin{pmatrix} z_1^T \\ z_2^T \\ z_n^T \end{pmatrix}=\begin{pmatrix} z_{11} & z_{12} & \cdots & z_{1p} \\ z_{21} & z_{22} & \cdots & z_{2p} \\ & & \cdots & \\ z_{n1} & z_{n2} & \cdots & z_{np} \end{pmatrix}$$

其中，$z_{ij}=\frac{y_{ij}-\bar{y}_j}{s_j}$，$\bar{y}_j$，$s_j$ 分别为Y阵中第j列的均值和标准差。

4. 计算标准化阵 Z 的样本相关系数阵

$$R=[r_{ij}]_{p\times p}=Z^TZ/n-1$$

5. 求特征值

$$|R-\lambda I_p|=0$$

解得p个特征值$\lambda_1\geqslant\lambda_2\geqslant\cdots\geqslant\lambda_p\geqslant 0$。

6. 确定 m 值，使信息的利用率达到80%以上。确定方法为

$$\frac{\sum_1^m \lambda_j}{\sum_1^p \lambda_j}\geqslant 0.8$$

对每个λ_j，$j=1, 2, \cdots, m$。解方程组$Rb=\lambda_j b$，得单位向量

$$b_j^0=\frac{b_j}{\|b_j\|}$$

7. 求出 $z_i=(z_{i1}, z_{i2}, \cdots, z_{ip})^T$ 的 m 个主成分分量

$$u_{ij}=z_i^T b_j^0, \ j=1, 2, \cdots, m$$

得决策矩阵

$$U=\begin{bmatrix} u_1^T \\ u_2^T \\ \\ u_p^T \end{bmatrix}=\begin{bmatrix} u_{11} & u_{12} & \cdots & u_{1m} \\ u_{21} & u_{22} & \cdots & u_{2m} \\ & & \cdots & \\ u_{p1} & u_{p2} & \cdots & u_{pm} \end{bmatrix}$$

其中，u 为第 i 个变量的主成分向量。

（三）建立权重模型

1. 提出假设

假设需确定权重的指标个数为 h 个。现分别咨询 L 位专家得出 h 组权重评分值，其中每组评分值中均有 L 个元素。具体形式可用表 4－3 表示。

表 4－3 专家打分

指标	专家			
	w_1	w_2	…	w_L
v_1	p_{11}	p_{12}	…	p_{1L}
v_2	p_{21}	p_{22}	…	p_{2L}
			…	
v_h	p_{h1}	p_{h2}	…	p_{hL}

2. 权重确定过程

根据上述条件可知，权重的确定过程其实就是主成分分析求综合评价函数的过程。在此过程中，原评价系统中的指标变为样本，现有指标为各位专家。

3. 权重模型

首先确定的初级权重模型即是主成分模型

$$\begin{cases} F_1=u_{11}w_1+u_{21}w_2+\cdots+u_{L1}w_L \\ F_2=u_{12}w_1+u_{22}w_2+\cdots+u_{L2}w_L \\ \cdots \\ F_m=u_{1m}w_1+u_{2m}w_2+\cdots+u_{Lm}w_L \end{cases} \quad (1)$$

式中，F_1，F_2，…，F_m为分析后得到的m个主成分；u_{ij}为决策矩阵中系数。需要指出的是，在用SPSS软件进行主成分分析时，得到的不是决策矩阵系数u_{ij}而是初始因子载荷f_{ij}。二者满足如下关系：

$$u_{ij}=\frac{f_{ij}}{\sqrt{\lambda_j}},\ j=1,\ 2,\ \cdots,\ m \tag{2}$$

在此基础上构建综合评价函数：

$$F_Z=\sum_1^m(\lambda_j/k)F_j=a_1w_1+a_2w_2+\cdots+a_Lw_L,\ k=\lambda_1+\lambda_2+\cdots+\lambda_m \tag{3}$$

式中，a_1，a_2，…，a_L为指标w_1，w_2，…，w_L在主成分中的综合重要度。在此基础上结合专家实际打分，可算出原有指标得分综合值。

$$V_{Zi}=\sum_1^L a_jp_{ij}\quad i=1,\ 2,\ \cdots,\ h \tag{4}$$

可得各指标权重为

$$\omega_i=V_{Zi}/\sum_1^h V_{Zi} \tag{5}$$

由式（3）、式（4）、式（5）可得二级权重模型

$$\begin{cases}F_Z=\sum_1^m(\lambda_j/k)F_j\\ V_{Zi}=\sum_1^L a_jp_{ij}\\ \omega_i=V_{Zi}/\sum_1^h V_{Zi}\end{cases} \tag{6}$$

（四）优缺点

1. 优点

（1）用较少的独立性指标来替代较多的相关性指标，解决了指标间信息重叠的问题，简化了指标结构。

（2）指标权重是依赖客观数据，由各主成分的方差贡献率计算确定的，避免了主观因素影响，较为客观合理。

（3）对指标数量和样本数量没有具体限制，适用范围广泛。

2. 缺点

（1）指标权重的计算过程较为复杂，权重确定的结果与样本的选择有很大相关性。

（2）损失了一定的样本数据信息，有些具有现实意义的指标在该方法中可能会被剔

除，与实际情况产生偏差。

（3）其假定指标间都是线性关系，在实际问题中对很多非线性关系的指标体系使用该方法时会产生偏差。

（4）纯粹依赖客观数据确定权重，忽略了主观经验知识，评价结果可能产生与实际情况相悖的现象。

二、熵权法

熵权法是一种客观赋权方法。在具体使用过程中，熵权法根据各指标的变异程度，利用信息熵计算出各指标的熵权，再通过熵权对各指标的权重进行修正，从而得出较为客观的指标权重。

（一）基本原理

熵权法的基本原理是基于信息熵的概念。信息熵是一种衡量信息集中程度的指标，它表示在一个随机变量中，各个取值出现的概率之和为 1 的情况下，信息量的最大程度。信息熵越小，说明信息越集中，反之则说明信息越分散。熵权法通过计算各个指标的信息熵，进而确定各个指标的权重，从而实现多指标决策。

（二）计算步骤

（1）数据标准化　将各个指标的数据进行标准化处理，消除单位差异对计算结果的影响。标准化公式如下：

$$X=(x_i-\mu)/\sigma$$

式中，X 为标准化后指标值，x_i 为第 i 个指标的原始数据，μ 为该指标的均值，σ 为该指标的标准差。

（2）计算信息熵　对于每个指标，计算其信息熵。信息熵计算公式如下：

$$H(X)=-\sum P(x)*\log_2(P(x))$$

式中，$P(x)$ 为第 i 个指标在所有样本中的出现概率。

（3）计算权重　将各个指标的信息熵乘以其在数据集中的出现频率，然后求和，最后除以总的信息熵，得到各个指标的权重。权重计算公式如下：

$$W_i = (\sum P(x) * H(x))/H(D)$$

式中，W_i为第 i 个指标的权重，P（x）为第 i 个指标在所有样本中的出现概率，H（x）为第 i 个指标的信息熵，H（D）为数据集的总信息熵。

（三）优缺点

熵权法的优点在于其能够客观地衡量因素的重要性，减少了主观因素的干扰。然而，熵权法的主要问题是对数据的分布要求较高，同时对数据的归一化处理也会影响结果的准确性。

熵权法适用于具有线性关系的数据集。如果数据集之间存在非线性关系，可能需要采用其他方法进行权重计算，或者使用主成分分析法进行处理使特征之间为线性关系。

三、因子分析法

因子分析法的基本思想与主成分分析法类似，也是将具有相关性的指标转化为少数几个不相关的指标，再根据各因子的方差贡献率确定指标权重。所不同的是，主成分分析法是将原始指标进行线性组合，而因子分析法将原始指标拆分成共同具有的公共因子以及每个指标所特有的特殊因子来线性表示，因子表示具有更明确的实际意义。因子分析是基于降维的思想，在尽可能不损失或者少损失原始数据信息的情况下，将错综复杂的众多变量聚合成少数几个独立的公共因子，这几个公共因子可以反映原来众多变量的主要信息，在减少变量个数的同时，又反映了变量之间的内在联系。

因子分析是近些年来颇为流行的多元变量统计方法。它是用较少个数的公共因子的线性函数和特定因子之和来表达原来观测的每个变量，从研究相关矩阵内部的依赖关系出发，把一些错综复杂的变量归纳为少数几个综合因子的一种多变量统计分析方法。当这几个公共因子（或综合因子）的累计方差和（即贡献率）达到85%或95%以上时，就说明这几个公共因子集中反映了研究问题的大部分信息，而彼此之间又不相关，信息不重叠。因子分析法的应用主要有两个方面：①寻求基本结构，简化观测系统，减少变量维数；②对指标或样本进行分类。

因子分析的一般模型为：

$$\begin{cases} x_1 = a_{11}F_1 + a_{12}F_2 + \cdots + a_{1n}F_n + \varepsilon_1 \\ x_2 = a_{21}F_1 + a_{22}F_2 + \cdots + a_{2n}F_n + \varepsilon_2 \\ \cdots \\ x_m = a_{m1}F_1 + a_{m2}F_2 + \cdots + a_{mn}F_n + \varepsilon_m \end{cases}$$

其中，x_1，x_2，…，x_m 为实测变量；a_{ij}（$i=1$，2，…，m，$j=1$，2，…，n）为因子荷载，即实测变量 x_i 与公共因子 F_j 的相关系数，反映了实测变量 x_i 对公共因子 F_j 的依赖程度和实测变量在公共因子 F_j 上的重要性；F_j（$j=1$，2，…，n）为公共因子；ε_i（$i=1$，2，…，m）为特殊因子。

（一）主要步骤

（1）根据数据源建立指标体系。

（2）根据公式 $x_{ij}^* = (x_{ij} - \bar{x}_j)/\sigma_j \quad i=1, 2, \cdots, m$ 其中 $\bar{x}_j = \frac{1}{n}\sum_1^n x_{ij}$，$\sigma_j^2 = \frac{1}{n}(x_{ij} - \bar{x}_j)^2$，对指标向量的数据进行标准化处理，组成矩阵 X。

（3）计算样本相关矩阵 R，并进行因子分析适宜性检验。

$$R = \begin{bmatrix} r_{11} & r_{12} & \cdots & r_{1m} \\ & & \cdots & \\ r_{m1} & r_{m2} & \cdots & r_{mm} \end{bmatrix} = \frac{1}{n}X'X$$

$$r_{ij} = \frac{1}{n}\sum_1^n X_{ij}X_{ik} = \frac{1}{n}x'_j x_k \qquad j, k = 1, 2, \cdots, m$$

（4）计算相关矩阵的特征值 λ_i 和特征向量 α_i，$i=1$，2，…，n。

（5）确定公共因子个数 k，称 $\lambda_k / [\sum_1^p \lambda_i]$ 为第 k 个公共因子的方差贡献率，记为 β_k，称 $[\sum_1^k \lambda_i] / [\sum_1^p \lambda_i]$ 为前 k 个公共因子的累计方差贡献率。选取公共因子的原则是：当前 k 个公共因子的累计方差贡献率超过85%或95%时，取前 k 个公共因子代替原来的 m 个指标。

（6）求因子载荷 $\alpha_i = \sqrt{\lambda_i \alpha_i}$，计算因子载荷矩阵 A。

（7）为了使提取的公共因子更易于解释和具有命名清晰性，对矩阵 A 进行最大方差旋转，得矩阵 B，再计算各公共因子得分，$F_i = \alpha_i x$，$i=1$，2，…，k。

（8）按因子得分 F_i 及方差贡献率的大小，计算综合得分 $F = \beta_1 F_1 + \beta_2 F_2 + \cdots +$

$\beta_k F_k$，再根据综合得分进行排序。

（二）优缺点

因子分析法在指标权重确定上的优缺点与主成分分析法类似，但因子的个数小于原指标个数，而主成分的个数可与原指标数相等，因而因子分析法的缺失信息一般比主成分分析法要多，其精确度一般比不上主成分分析法，计算过程也更为复杂，而且因子分析法严格要求评价体系的指标间要存在相关关系。不过，因子分析法能很明确地解释原指标的具体内容，能解释指标间相关的原因，能对指标内容有更深层次的认识。

总的来说，因子分析法比较适用于需要对社会经济现象等相关评价对象进行较为深层次分析，而且指标间存在很大关联性、有大量具有代表性的完整数据样本的复杂评价问题。

四、标准离差法

标准离差法的原理与熵权法相似，只不过标准离差法以样本中指标的标准离差衡量变异程度，其适用情况也同熵权法。通常，某个指标的标准差越大，表明指标值的变异程度越大，提供的信息量越多，在综合评价中所起的作用越大，其权重也越大。相反，某个指标的标准差越小，表明指标值的变异程度越小，提供的信息量越少，在综合评价中所起的作用越小，其权重也应越小。

其计算公式为

$$W_j = \frac{\sigma_j}{\sum_1^n \sigma_j}$$

式中，σ_j 为第 j 项评价指标样本数据计算出的标准差。

五、关联函数法

关联函数法的基本思想是指标的数据落入的等级标准级别越大，风险越大，则该指标应赋予的权重越大。关联函数法要求先建立指标风险等级标准，样本中风险指标数据齐全，同样只适用于指标层的赋权而不适用于中间层的赋权。

计算步骤：

设有 n 个评价指标，指标 C_j（$1 \leqslant j \leqslant n$）的权重为 d_j；将风险分为 t 个等级，指标

C_j的第k（$1\leqslant k\leqslant t$）等级风险标准为［a_{jk}，b_{jk}］，则：

$$r_{kj}=\begin{cases}\dfrac{2(v_j-a_{jk})}{b_{jk}-a_{jk}}, & v_j\leqslant\dfrac{a_{jk}+b_{jk}}{2}\\ \dfrac{2(b_{jk}-v_k)}{b_{jk}-a_{jk}}, & v_j\geqslant\dfrac{a_{jk}+b_{jk}}{2}\end{cases}$$

式中，$j=1, 2, \cdots, n$；$k=1, 2, \cdots, t$；$v_j\in[a_{jk}, b_{jk}]$。令$r_{jk\max}=\max\{r_{jk}\}$

根据可拓评价的理论，令

$$H_j=\begin{cases}k_{\max}\times(1+r_{jk\max}), & r_{jk\max}\geqslant-0.5\\ k_{\max}\times 0.5, & r_{k\max}<-0.5\end{cases}$$

式中，$k_{\max}$是$r_{jk\max}$属于的风险等级。

则各指标的权重可以确定为

$$d_j=\frac{h_j}{\sum_1^n h_j}$$

六、变异系数法

变异系数法是直接利用各项指标所包含的信息，通过计算得到指标的权重，是一种客观赋权的方法。此方法的基本做法是：在评价指标体系中，指标取值差异越大的指标，也就是越难以实现的指标，这样的指标更能反映被评价对象的差距。由于评价指标体系中的各项指标的量纲不同，不宜直接比较其差别程度。为了消除各项评价指标的量纲不同的影响，需要用各项指标的变异系数来衡量各项指标取值的差异程度。

（一）计算步骤

各项指标的变异系数公式如下：

$$v_i=\frac{\sigma_i}{\overline{X}_i}\qquad (i=1, 2, \cdots, n)$$

式中，v_i是第i项指标的变异系数，也称为标准差系数；σ_i是第i项指标的标准差；$\overline{X}_i$是第i项指标的平均数。

各项指标的权重为：

$$w_i=\frac{v_i}{\sum_{i=1}^{n} v_1}$$

（二）优缺点

1. 优点

（1）计算方式简单　指标权重的计算过程方便实用。

（2）充分利用样本数据　客观体现了各指标分辨能力的大小，保证了指标权重的绝对客观性。

（3）适用范围广　对评价指标的数量没有限制，适用于多种情况。

（4）无须参照数据平均值　变异系数是一个无量纲量，适用于比较量纲不同或均值不同的数据集。

2. 缺点

（1）评价结果受样本选择的影响　不同的数据样本可能会产生不同的权重分配结果，样本容量小或不具普遍性时，方法精度较低。

（2）对异常值敏感　样本数据中的异常值会影响权重的确定，可能导致较大误差。

（3）无法反映指标内在联系　仅对每个指标单独进行分析判断，不能体现指标之间的相互关系。

（4）忽略决策者的理解　纯粹进行客观计算，不能体现决策者对指标重要性的理解。

（5）无法反映真实绝对数值水平　对于均值接近 0 的数据集，微小扰动也会对变异系数产生巨大影响，影响精确度。

第三节　综合赋权法

针对主、客观赋权法各自的优缺点，为兼顾到决策者对属性的偏好，同时又力争减少赋权的主观随意性，使属性的赋权达到主观与客观的统一，进而使决策结果真实、可靠，有学者提出了第三类赋权法，即主客观综合赋权法。主客观综合赋权法的数学理论基础相对比较完美，并且也得到了一些初步的研究成果，但不足在于算法的复杂度普遍比较高，在一定程度上影响了其应用性。

主客观综合赋权法包括折衷系数综合权重法、线性加权单目标最优化法、熵系数综合集成法等。

一、折衷系数综合权重法

折衷系数综合权重法是一种决策分析方法，旨在通过综合考虑各种因素，找到一个平衡点，以做出更为合理的决策。这种方法通过乐观系数来确定决策依据，既不偏向过于乐观，也不偏向过于悲观，从而在多种方案中选择最优方案。折衷系数综合权重法结合了定量分析与定性分析方法，利用决策者的经验判断各衡量目标之间的相对重要程度，并合理地给出每个决策方案的权重，最终求出各方案的优劣次序。

折衷系数综合权重法的步骤如下：

（1）确定权重系数　首先，根据不同的评价方法（如层次分析法、熵权法等）计算出各个评价指标的初始权重。这些权重反映了各个指标在综合评价中的重要程度。

（2）计算权重矩阵　将不同方法得到的权重进行归一化处理，确保所有权重的和为1。这一步是为了将不同方法得到的权重统一到一个可比的范围内。

（3）确定折衷系数　根据实际情况和专家意见，确定一个折衷系数 t，这个系数用于调整不同方法权重的相对重要性。折衷系数的取值范围通常在0到1之间。

（4）计算综合权重　根据确定的折衷系数，使用公式 $W=tA+(1-t)B$ 计算综合权重。其中，A 和 B 分别代表不同方法计算得到的权重，t 是折衷系数。

（5）验证和调整　最后，对计算得到的综合权重进行验证和调整，确保其合理性和准确性。这一步可以通过专家咨询、实际数据验证等方式进行。

二、线性加权单目标最优化法

线性加权单目标最优化法通过建立一个单目标最优化模型，将各个指标线性加权，以最大化或最小化某个特定的目标函数，从而得到最优的权重分配。线性加权单目标最优化法通过给每个目标函数分配一个权重，然后将这些加权后的目标函数相加，形成一个综合的单目标函数。这个综合目标函数的最小化或最大化即为原多目标优化问题的解。

关键步骤包括以下几个主要部分：

（1）目标函数标准化　首先，对多目标进行标准化处理，以减少目标中不同单位或量级的指标对优化结果的影响。

（2）权重分配　为每个目标函数分配一个权重，这些权重反映了各目标在优化问题中的重要性。权重的选择通常基于决策者的偏好或目标函数的相对重要性。

（3）加权求和　将标准化后的目标函数与其对应的权重相乘，并将结果相加，形成一个综合的单目标函数。

（4）求解单目标优化问题　使用单目标优化方法求解这个综合目标函数，得到的最优解即为原多目标优化问题的解。

三、熵系数综合集成法

熵系数综合集成法的原理是基于信息熵的概念，通过计算各个指标的信息熵值，进而确定各指标的权重，最终实现多指标综合评价的方法。这种方法充分利用了原始数据的信息，能够精确反映各方案之间的差距。熵系数综合集成法的应用范围非常广泛，适用于多指标综合评价的场景，如卫生决策、卫生事业管理等多个领域。这种方法对资料无特殊要求，使用灵活简便，能够充分利用原始数据的信息，结果精确。

熵系数综合集成法的步骤包括以下几个主要部分：

（1）数据标准化　由于各指标的数据量纲不同，首先需要对数据进行标准化处理，通常使用极差标准化法将数据归一化到［0，1］区间。

（2）计算信息熵　根据标准化后的数据计算各指标的信息熵，信息熵越小，表示该指标的离散程度越大，信息量越多。

（3）计算权重　根据信息熵计算各指标的权重，权重越大，表示该指标在综合评价中的影响越大。

第五章

风险评估方法原理及应用

■第一节　德尔菲法

一、概述

德尔菲法又称专家调查法，是一种利用匿名函询方式收集专家意见的预测和决策方法，旨在通过收集、整理和归纳专家的意见和建议，得出相对一致的预测或决策。这一方法在决策、预测和评估等领域有着广泛的应用。通过征询专家意见，整合集体智慧，德尔菲法可以帮助解决问题，取得共识。然而，德尔菲法也存在一些限制，需要注意专家选择和主观因素的影响。在实际应用中，需要根据具体情况进行灵活调整和合理运用。

该方法由美国兰德公司在1946年首次使用，并在20世纪50年代初得到进一步发展。德尔菲法的核心流程包括：①专家意见的征集。将问题单独发送给各专家，征求他们的意见。②意见的汇总和反馈。对收集到的意见进行统计和整理，然后反馈给专家。③多次迭代。专家根据反馈的信息修改自己的原始意见，这一过程重复多次，直至专家意见趋于一致。

这种方法的特点包括：①匿名性：专家之间不进行横向交流，只与调查人员沟通。②多轮反馈：通过多轮调查和反馈，促进专家意见的收敛。③广泛代表性：由于依赖于多个专家的意见，因此结果具有较广泛的代表性。

德尔菲法的应用领域包括军事、商业、教育、卫生保健等。此外，还有基于模糊数学的模糊德尔菲法，用于处理更复杂和模糊性的问题。德尔菲法不仅可以用于预测领域，而且可以广泛应用于各种评价指标体系的建立和具体指标的确定过程。

二、德尔菲法的基本原理

德尔菲法的基本原理是通过匿名方式向专家发放问卷，收集他们的意见和建议，并对反馈结果进行统计整理和归纳，再次向专家发送问卷，通过多轮迭代的征询和反馈，最终得到相对一致的预测或决策结果。该方法通过专家群体的交流和讨论，旨在消除个体差异和主观偏见，最终得出具有普遍认可性的结论。

三、德尔菲法的步骤

德尔菲法一般包括以下几个步骤：

（1）确定问题　首先需要明确要解决的问题，并确保问题清晰明了。问题的范围和目标要明确，以便专家能够提供有用的意见和建议。

（2）选择专家　根据问题的性质和领域，选择具有相关专业知识和经验的专家，他们可以是学者、行业专家或相关领域的从业人员。人数视项目而定。

（3）征询意见　通过问卷调查形式，向专家征询意见。调查问卷可以采用信函或邮件的形式发放。调查问卷主要围绕所研究问题及相关要求，以及相关的背景材料。采用匿名方式进行问卷调查，以避免个人影响和群体压力。

（4）汇总意见　对专家意见进行汇总和整理，对第一轮反馈结果进行统计整理和分析，了解专家的意见分布和分歧。

（5）反馈结果　将汇总后的意见反馈给专家，以便他们了解整体观点和其他专家的意见。这有助于专家重新评估自己的观点。根据第一轮反馈结果，制定第二轮调查问卷，再次发送给专家，收集他们的意见和建议。

（6）循环迭代　根据反馈结果，专家可以对自己的意见进行修改和调整。这一过程可以进行多轮，直到达成一致意见或达到预定的终止条件。

（7）达成共识　通过多轮迭代，专家意见逐渐趋于一致，形成共识意见。这些意见可以用于决策、预测或评估等目的。

四、德尔菲法的优缺点

德尔菲法具有以下优点和缺点：

（一）优点

（1）匿名性　所有的参与专家均互不知情，在互不见面和没有讨论的情况下回答所提出的问题，这种背对背匿名的方式给专家提供了一个平等表达观点的机会，避免了专家之间的相互影响和权威效应，使得收集到的意见更加客观、真实。

（2）集体智慧　通过多轮迭代，可以整合专家的意见，减少个体差异，得出更为准确和全面的结论。

（3）灵活性　德尔菲法可以根据研究主题和目标灵活设计问卷内容，适用于各种类型的预测或决策问题。

（4）广泛参与性　德尔菲法能够吸引众多专家参与，充分发挥他们的专业知识和经验，提高了结论的准确性和可靠性。

（二）缺点

（1）依赖专家　德尔菲法的有效性和可靠性受到专家的选择和参与程度的影响。德尔菲法的结果主要取决于专家的专业水平和参与程度，如果专家的意见存在较大分歧或误判，可能会影响最终结果的准确性。

（2）主观性　德尔菲法的结果主要依赖于专家的主观判断和经验，具有一定的主观性和不确定性。专家的意见受到个人主观偏见和认知限制的影响，可能存在一定的误差。

（3）成本较高　德尔菲法需要投入大量的时间和资源，尤其是在大规模专家群体和多轮迭代的情况下。

五、德尔菲法的应用

德尔菲法是一种典型的综合性群体决策方法，能够充分利用专家的知识、经验和智慧，是解决多目标非结构化问题的有效手段。下面应用德尔菲法建立规模鸡场禽流感风险评估模型和规模场牲畜口蹄疫风险评估模型。

（一）规模鸡场禽流感风险评估

禽流感是禽流行性感冒的简称，是由禽流感病毒引起的一种禽类（家禽和野禽）传染病。禽感染禽流感病毒后可以表现为轻度的呼吸道症状、消化道症状，死亡率较低；或表现为较严重的全身性、出血性、败血性症状，死亡率较高。这种症状上的不同，主要是由禽流感病毒的毒力所决定的。根据禽流感病毒致病性和毒力的不同，可以将禽流感分为高致病性禽流感、低致病性禽流感和无致病性禽流感。禽流感病毒有不同的亚型，由 H5 和 H7 亚型毒株（以 H5N1 和 H7N7 为代表）所引起的疾病称为高致病性禽流感（HPAI）。

禽流感，尤其是高致病性禽流感对养禽业的危害非常严重，世界动物卫生组织将高致病性禽流感列为必须报告的动物传染病，我国将其列为一类动物疫病。为了有效预防和控制禽流感，减少对养禽业的危害，我国对高致病性禽流感实行强制免疫政策。规模鸡场虽然对禽流感有较强的防疫意识，但缺乏禽流感风险评估的有效手段，不清楚本场发生禽流感的风险因素是什么，以及如何降低禽流感发生风险，因此养鸡场需要一种简单扼要、易于使用的风险评估方法，用来指导生产。下文简要介绍了采用德尔菲法如何构建规模鸡场禽流感风险评估模型。

1. 基本原则

依据禽流感流行病学相关知识，结合规模鸡场的防疫、饲养管理等要求，构建的模型应简单、实用和便于操作。

2. 方法

首先，依据影响禽流感发生与流行的传染源、传播途径、易感动物三要素，结合鸡场建设、饲养管理和高致病性禽流感防控的相关标准，采用德尔菲法，经多次论证，从选址、生物安全、疫苗接种、饲养管理、疫情史、疫病监测等 6 个方面选定了 42 个小项，作为风险因子候选项。

然后，再次用德尔菲法，通过向 30 位养鸡方面的专家进行问卷调研，通过 3 轮征询，最后邀请 10 位专家，会议讨论，最终筛选出 30 个小项，作为风险因子，并将其分为限制项、特别关注项、关注项、普通项等四个等级。其中“本场禽流感病原学检测结果”是限制项，“本场禽流感发病史”“每次整个鸡群疫苗免疫抗体水平合格率”和“与家禽屠宰场、禽产品加工厂、活禽交易场、无害化处理厂、道路等之间的距离应符合 NY/T 682 要求”等 3 项为特别关注项，“按免疫程序及时免疫”“有场外人员禁入生产区等防疫制度”等 10 项为关注项，其他 16 项为普通项。

3. 风险因子判定标准

将各项风险因子的判定标准分为“符合”“基本符合”和“不符合”三个档次，并列出了属于不同档次的具体判定内容。

4. 风险级别划分

采用定性分析方法将风险级别划分为“高风险”“中等风险”和“低风险”三个级别。高风险是指发生疫病风险的可能性很大，需要立即采取相应的防范措施；中等风险是指发生疫病风险的可能性较大，应逐步采取相应的措施进行防范；低风险是指发生疫病风险的可能性不大，或说明已具有较好的防范措施。

5. 评估模型的使用方法

（1）结果判定　用本模型所列的30项风险因子（表5－1）“要求”栏对照鸡场生产具体情况，将各项风险因子的对照结果填在“判定结果”栏中。依据模型中的“判定标准”，符合要求的项，在判定结果的相应“符合”栏中打“√”，基本符合要求的项，在判定结果的相应“基本符合”栏中打“√”，不符合要求的项，在判定结果的相应“不符合”栏中打“√”。

（2）风险级别确定

①高风险。风险因子判定结果符合以下六种情况之一的，判定为高风险：

限制项为“不符合”；

特别关注项同时为“不符合”；

2个特别关注项和1个关注项同时为“不符合”；

1个特别关注项和2个关注项同时为“不符合”；

3个及以上关注项为“不符合”；

“不符合”和“基本符合”达到10个以上。

②中等风险。风险因子判定结果符合以下四种情况之一的，判定为中等风险：

特别关注项有1项为“不符合”；

特别关注项有1项为“基本符合”和关注项有1项为“不符合”；

关注项有2项为“不符合”或“基本符合”；

“不符合”和“基本符合”达到6～9项。

③低风险。凡是不符合“高风险”和“中等风险”判定条件的，均判定为低风险。

6. 评估模型

规模鸡场禽流感风险评估模型见表5－1。

表 5-1 规模鸡场禽流感风险评估模型

条款	要求	判定标准			判定结果		
		符合	基本符合	不符合	符合	基本符合	不符合
一、选址	1**与家禽屠宰场、禽产品加工厂、活禽交易场、无害化处理厂、道路等之间的距离应符合 NY/T 682 要求	符合	基本符合	不符合			
	2 地势较高、平坦干燥、排水良好、背风向阳、水源水量充足，水质良好、空气清洁、无污染	符合	基本符合	不符合			
	3 未处于候鸟迁徙地带	是		否			
二、生物安全	4 * 实行全进全出	是	部分是	否			
	5 * 有场外人员禁入生产区等防疫制度	是	执行不严	否			
	6 * 有场内、舍内环境定期消毒制度	是	执行不严	否			
	7 * 有病死禽、粪污无害化处理制度	是	执行不严	否			
	8 建立工作人员自身消毒制度	是	执行不严	否			
	9 场内配备专用运输车辆	符合	基本符合	不符合			
	10 工作人员进入各功能区穿专用服装，并按规定消毒	是	执行不严	否			
	11 * 禽舍具备防鸟、防鼠、防虫和防犬猫进入的设施	是	有，但不完善	否			
	12 * 鸡场内未同时饲养其他易感动物	是		否			
	13 * 鸡场兽医人员不对外诊疗	是		否			
	14 病死禽剖检场所符合生物安全要求，有剖检及剖检场所消毒记录	是		否			
三、疫苗接种	15 有适用的免疫程序	有	有，但不太适用	无			
	16 * 按免疫程序及时免疫	是	免疫不及时	否			
	17 免疫方法、剂量符合要求	符合	基本符合	不符合			
	18 有存放疫苗的冷藏设备	有	条件简陋	无			
四、饲养管理	19 每日巡查禽群健康状况，及早发现，并做相应记录	符合	基本符合	不符合			
	20 * 营养保健措施落实到位情况	到位	基本到位	不到位			
	21 * 禽舍通风、换气和温控设施运转情况	符合	基本符合	不符合			
	22 饲料和饲料添加剂的使用符合 GB 13078 的规定，水质符合 NY 5027 要求	符合	基本符合	不符合			
	23 不同类型鸡群鸡舍采光符合规定要求	符合	基本符合	不符合			
五、疫情发生史	24**本场禽流感发病史	无	3 年前曾有	3 年内			
	25 本地区禽流感发病史	无		有			
	26 免疫抑制病发病史	无	部分有	有			

（续）

条款	要求	判定标准			判定结果		
		符合	基本符合	不符合	符合	基本符合	不符合
六、疫病监测	27 每年开展禽流感免疫抗体监测 2 次以上	是		否			
	28**每次整个鸡群疫苗免疫抗体水平合格率	80%以上	70%～80%	70%以下			
	29 每年开展禽流感病原学监测 1 次以上	是		否			
	30***本场禽流感病原学检测结果	阴性		阳性			

注：1. “要求”栏中，“***”代表限制项；“**”代表特别关注项；“*”代表关注项；其余为普通项。
2. 在每一行“判定标准”中选择合适一项，然后在对应的“判定结果”的符合、基本符合、不符合项下打“√”。

本模型采用德尔菲法进行风险因子的确定，采用定性分析方法进行风险评价，适合对规模鸡场禽流感防控情况进行风险评估。

（二）规模场牲畜口蹄疫风险评估

口蹄疫（FMD）是由口蹄疫病毒所引起的以偶蹄动物为主的一种急性、热性、高度接触性传染病。主要侵害偶蹄兽，偶见于人和其他动物。其临诊特征为口腔黏膜、蹄部和乳房皮肤发生水疱。该病传播途径多、速度快，曾多次在世界范围内暴发流行，造成巨大经济损失。鉴于此，世界动物卫生组织将 FMD 列为必须报告的动物传染病，我国将其列为一类动物疫病。

口蹄疫病毒属于微核糖核酸病毒科口蹄疫病毒属。已知口蹄疫病毒在全世界有 7 个主型，分别为 A、O、C、南非 1、南非 2、南非 3 和亚洲 1 型，以及 65 个以上亚型。近几十年来，口蹄疫疫情在不同国家和地区频繁暴发。随着我国规模养殖业的不断发展，口蹄疫传播的风险越来越大，加之流行毒株血清型的不断改变，使得口蹄疫控制难度不断加大。通过对影响疫病传播的风险因素进行分析，结合临床经验和流行病学调查，建立了规模场牲畜口蹄疫风险评估方法，供养殖生产者使用。

1. 基本原则

依据口蹄疫流行病学相关知识，结合规模场牲畜的防疫和饲养管理等要求，构建的模型应简单、实用和便于现场操作。

2. 方法

影响疫病发生可能性的不确定性因素称为风险因子，分为特殊因子、关键因子、普通因子三类。特殊因子是与疫病发生可能性有直接关系的风险因子，关键因子是对疫病发生可能性有关键影响的风险因子，普通因子是可间接影响疫病发生可能性的风险因子。

首先从场址、布局与建设、饲养管理、隔离、消毒与无害化处理、免疫、监测与净化、疫病流行状况、其他等方面选定了60个小项，作为风险因子候选项。然后，用德尔菲法来确定风险因子及每项因子的等级（特殊因子、关键因子、普通因子3个等级）。最终从风险因子候选项中选取47项确定为本模型的风险因子，其中特殊因子3项、关键因子12项、普通因子32项。采用德尔菲法，邀请20位相关专家进行问卷调研。将第一次问卷结果汇总后反馈给各位专家，再进行第二次问卷，如此经过3轮次的问卷调研，最后形成比较一致的意见。在本模型构建过程中，各位专家一致认为“口蹄疫病原学检测结果为阳性”“本场牲畜是否免疫口蹄疫疫苗”“本场所在县（区）及毗邻县（区）当前存在口蹄疫疫情”为特殊因子；多数专家认为“整个畜群的口蹄疫免疫抗体合格率”“选择与流行毒株相同血清型的口蹄疫疫苗”等12项风险因子的重要程度比较高，应该区别于其他项而确定为关键因子；“配种舍、妊娠舍、产房、带仔母畜舍、保育舍、育成舍是否依次沿着顺风向建设”“本场实行自繁自养”等32项风险因子为普通因子。

3. 风险因子判定标准

根据生产中存在的实际情况，本模型将各项风险因子的判定标准分为“符合”“基本符合”和“不符合”三个档次，并给出了属于不同档次的具体情形，便于现场操作。如“整个畜群的口蹄疫免疫抗体合格率”这个风险因子，在判定标准中分别对三个档次给出了不同的数值，以方便操作；又如“场内专用运输车辆”这个风险因子，如果养殖场已制定了这一制度，但不能严格执行，偶尔也将车开出场外，那么就将其判定为基本符合要求。

4. 风险级别划分

本模型采用定性分析方法将风险级别划分为“高风险”“中等风险”和“低风险”三个级别。高风险指发生疫病可能性大，应立即采取防范措施；中等风险指发生疫病可能性中等，应逐步对防范措施进行改善；低风险指发生疫病可能性小，防范措施已较完善。

5. 评估模型的使用方法

（1）结果判定　根据被评估规模养殖场的实际情况，对规模场牲畜口蹄疫风险评估模型（表5-2）中的风险因子进行结果判定。依据每项风险因子的判定标准，分别在“A”“B”或“C”栏划“√”。

（2）风险级别确定

①高风险。风险因子判定结果至少符合以下情况之一的，判定为高风险：

特殊因子 1 项或以上判为“C”；关键因子 4 项或以上判为“C”；普通因子 10 项或以上判为“B”或“C”。

②中等风险。风险因子判定结果至少符合以下情况之一的，判定为中等风险：

关键因子 1～3 项判为“C”；普通因子 6～9 项判为“B”或“C”。

③低风险。不符合高风险、中等风险判定条件的，判定为低风险。

6. 评估模型

规模猪场口蹄疫风险评估模型见表 5－2。

表 5－2　规模场牲畜口蹄疫风险评估模型

类别	影响因子	判定标准			判定结果		
		符合（A）	基本符合（B）	不符合（C）	A	B	C
特殊因子	1. 口蹄疫病原学检测结果为阳性	否		是			
	2. 本场牲畜是否免疫口蹄疫疫苗	是		否			
	3. 本场所在县（区）及毗邻县（区）当前存在口蹄疫疫情	否		是			
关键因子（●）普通因子（○）	一、场址、布局与建设						
	●4. 场区布局符合 NY/T 682、NY/T 1167、GB/T 41441.1 要求	符合	基本符合	不符合			
	○5. 上风向 3 000m 以内有无屠宰场或其他养殖场	无		有			
	○6. 围墙或防疫沟	有	有，但不完整	无			
	○7. 围墙外建立绿化隔离带	有	有，但隔离作用差	无			
	○8. 配种舍、妊娠舍、产房、带仔母畜舍、保育舍、育成舍是否依次沿着顺风向建设	是	部分阶段是	否			
	○9. 引种隔离圈舍和患病动物隔离舍	有	使用不当	无			
	○10. 装畜台在生产区下风方向边缘，并有专用通道	符合	基本符合	不符合			
	○11. 场内专用运输车辆	有	有，但偶尔出场	无			
	○12. 防鼠、防虫设施	有	有，但不符合要求	无			
	二、饲养管理						
	○13. 本场实行自繁自养	是	部分自繁自养	否			
	●14. 全进全出的饲养管理模式	是	有，但执行不规范	否			
	●15. 外来牲畜是否检疫合格，引入后进行消毒、隔离、观察、检测	是		否			

（续）

类别	影响因子	判定标准			判定结果		
		符合（A）	基本符合（B）	不符合（C）	A	B	C
关键因子（●）普通因子（○）	●16. 建立完备的人员进出场管理制度并严格执行	是		否			
	○17. 每日巡查畜群健康状况，及早发现，并做相应记录	符合	基本符合	不符合			
	○18. 营养状况	良好	一般	较差			
	○19. 饲养密度	适中	一般	过大			
	○20. 通风、换气和温控设施运转情况	符合	基本符合	不符合			
	○21. 与其他畜禽混养	否		是			
	○22. 垫草、垫料	及时清理	偶尔清理	不清理			
	三、隔离、消毒与无害化处理						
	○23. 选用适合消毒药，定期交叉使用不同消毒药	是	单一消毒药	否			
	○24. 每次消毒前的清扫工作是否彻底	彻底	不彻底	不清扫			
	○25. 消毒频率	符合	基本符合	不符合			
	○26. 消毒方式	正确		不正确			
	●27. 发病牲畜及时隔离，发病死亡牲畜及时无害化处理	隔离或处理及时	隔离或处理不及时	不隔离或处理			
	○28. 粪污是否及时清理或无害化处理	及时清理或处理	清理或处理不及时	不清理或不处理			
	○29. 牲畜运输所使用的车辆等的清洗消毒	是		否			
	●30. 是否针对隔离、消毒及无害化处理建立完善的制度并严格执行	制度完善、执行严格	制度不完善或执行不严格	没有制度或执行差			
	四、免疫						
	○31. 制定适合本场的免疫程序	有	有，但不合理	无			
	○32. 严格执行免疫程序	是		否			
	●33. 选择与流行毒株相同血清型的口蹄疫疫苗	是		否			
	○34. 疫苗的贮存	符合	基本符合	不符合			
	○35. 疫苗的接种方法、剂量	符合	基本符合	不符合			
	●36. 整个畜群的口蹄疫免疫抗体合格率	80%以上	70%～80%	70%以下			
	五、监测与净化						
	●37. 每年开展口蹄疫免疫抗体监测 2 次以上	是		否			
	●38. 每年开展口蹄疫病原学监测 1 次以上	是		否			
	○39. 开展分子流行病学调查	是		否			

（续）

类别	影响因子	判定标准			判定结果		
		符合（A）	基本符合（B）	不符合（C）	A	B	C
关键因子（●） 普通因子（○）	○40. 其他主要动物疫病的净化	是	部分疫病得到净化	否			
	六、疫病流行状况						
	●41. 口蹄疫病史	从未发生	3年前发生过	3年内有			
	○42. 该场目前是否有其他动物疫病流行	无		有			
	○43. 所在县（区）及毗邻县（区）口蹄疫疫病史	从未发生	3年前发生过	3年内有			
	○44. 所在县（区）及毗邻县（区）易感动物目前是否有其他动物疫病流行	无		有			
	七、其他因子						
	○45. 养殖场建立有兽医诊断实验室	有		无			
	○46. 专业技术人员水平	符合	基本符合	无技术人员			
	●47. 本场兽医人员不对外诊疗	是		否			

本模型采用德尔菲法进行风险因子的确定，采用定性分析方法进行风险评价，适合规模场牲畜口蹄疫风险评估。

第二节　决策树分析法

一、概述

决策树分析法是一种运用概率与图论中的树对决策中的不同方案进行比较，从而获得最优方案的风险型决策方法。决策树分析法又称概率分析决策方法，是指将构成决策方案的有关因素，以树状图形的方式表现出来，并通过分析和比较来选择最佳决策方案的系统分析法。它是风险型决策最常用的方法之一，特别适用于分析比较复杂的问题。它以损益值为依据，比较不同方案的期望损益值（简称期望值），决定方案的取舍，其最大特点是能够形象地显示出整个决策问题在时间上和不同阶段上的决策过程，逻辑思维清晰，层次分明，非常直观。决策树是由不同结点和方案枝构成的树状图形。决策树图形如图5-1所示。

根据问题的不同，可将决策树分为单级决策树和多级决策树。单级决策树只需进行一次决策（一个决策点），就可以选出最优方案。多级决策树需要进行两次或两次以上的决

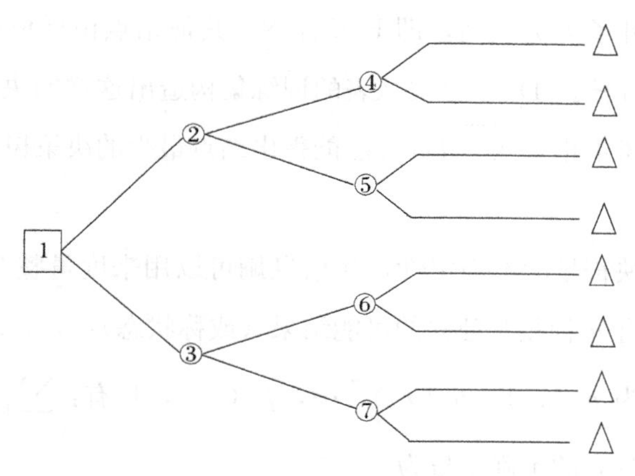

图 5-1　决策树图形

在图 5-1 中，图中符号说明如下：

□表示决策点。需要决策一次，就有一个决策点。从决策点上引出的分枝称为方案枝，方案枝的枝数表示可行方案的个数。

○表示方案的状态结点（也称自然状态点）。从结点上引出的分枝称为状态枝，状态枝的枝数表示可能出现的自然状态。

△表示结果点（也称末梢）。在结果点旁列出不同状态下的收益值或损益值，供决策之用。

策，才能选出最优方案。其决策原理与单级决策相同，但要分级计算期望值。

二、决策树分析法原理

决策树分析法利用了概率论的原理，并且利用一种树形图作为分析工具。其基本原理是用决策点代表决策问题，用方案枝代表可供选择的方案，用概率枝代表方案可能出现的各种结果，经过对各种方案在各种结果条件下损益值的计算比较，为决策者提供决策依据。

决策树分析法是常用的风险分析决策方法。该方法是一种用树形图来描述各方案在未来收益的计算、比较及选择的方法，其决策是以期望值为标准的。人们在未来可能会遇到多种不同的情况。每种情况均有出现的可能，人们现无法确知，但是可以根据以前的资料来推断各种情况出现的概率。在这样的条件下，人们计算的各种方案在未来的经济效果只能是考虑到各种情况出现的概率的期望值，与未来的实际收益不会完全相等。

决策树的生成算法主要有 ID3、C4.5、CART、CHAID、PUBLIC、SLIQ 等算法。其中最著名的算法是 Quinlan 提出的 ID3 算法和 C4.5 算法。

（一）ID3 算法及其原理

ID3 算法主要是引进了信息论中的信息增益，作为属性判别能力的度量，构造决策树的递归算法。决策树叶子为类别名，即 P 或者 N。其他结点由样例的属性组成，每个属性的不同取值对应一分枝。ID3 就是要从表的训练集构造出这样的决策树。实际上，能正确分类训练集的决策树不止一棵。ID3 算法能得出结点最少的决策树。

1. 信息熵

自信息量只能反映符号的不确定性，而信息熵可以用来度量整个信源 X 整体的不确定性。假设某事物具有 n 种相互独立的可能结果（或称状态）：x_1，x_2，…，x_n，每一种结果出现的概率分别为 $p(x_1)$，$p(x_2)$，…，$p(x_n)$，且有：$\sum_1^n p(x_i)=1$

那么，该事物所具有的不确定量为

$$H(X)=P(x_1)I(x_1)+p(x_2)I(x_2)+\cdots+P(x_n)I(x_n)=-\sum_{i=1} p(x_1)\log_2 p(x_i)$$

假设训练数据集 D 中的正例集 PD 和反例集 ND 的大小分别为 p 和 n，则 ID3 基于下面两个假设给出该决策树算法中信息增益的定义，因为信息是用二进制编码的，所以在下面的公式定义中都用以 2 为底的对数。①在训练数据集 D 上的一棵正确决策树对任意例子的分类概率同 D 中正反例的概率一致；②一棵决策树能对一个例子做出正确类别判断所需的信息量如下公式所示：

$$I(p,n)=-\frac{p}{p+n}\log_2\frac{p}{p+n}-\frac{n}{p+n}\log_2\frac{n}{p+n}$$

如果以属性 A 作为决策树的根，A 具有 V 个值 $\{v_1, v_2, \cdots, v_v\}$，它将 A 分成 v 个子集，假设中含有 p 个正例和 n 个反例，那么，以属性 A 为根所需的信息期望如下公式所示：

$$E(A)=\sum_1^v \frac{p_i+n_i}{p+n} I(p_i, n_i)$$

因此，以 A 为根的信息增益如下公式所示：

$$\text{gain}(A)=I(p,n)-E(A)$$

上面给出的相关定义主要是在两类分类问题的前提下，将其扩展到多类后的相关定义描述也是一样的。

2. 决策树剪枝

有两种基本的剪枝策略：

（1）预剪枝算法也称为先剪枝算法　在该方法中主要是通过提前停止树的构造（例如，通过确定在给定的节点不再分裂或划分训练元组的子集）来对决策树进行剪枝。一旦停止以后，剩下的那个节点就成了树叶。该树叶可能持有子集元组中最频繁的类或这些元组的概率分布。

（2）后剪枝算法　这个算法最初是由 Breiman 等提出，已经得到了广泛的应用。它首先构成完整的决策树，允许决策树过度拟合训练数据，然后对那些置信度不够的结点的子树用叶子结点来替代，这个叶子结点所应标记的类别为子树中大多数实例所属的类别。

（二）C4.5 算法及其原理

C4.5 算法是决策树构建的一种方法，是由 ID3 算法演变而来的。它采用信息增益率来选择属性，克服了 ID3 算法中用信息增益选择属性时偏向选择取值多的属性的不足。C4. 5 算法能够在保证训练集分类准确性的前提下构建结构尽可能简单的决策树。其计算原理如下：

1. 信息量大小的度量

1948 年，Shannon 提出了信息论理论。事件 s_i 的信息量 $I(s_i)$ 可如下度量：

$$I(s_i)=p(s_i)\log_2 1/p(si) \tag{1}$$

式中，$p(s_i)$ 表示事件 s_i 发生的概率。假设有 n 个互不相容的事件 s_1，s_2，s_3，…，s_n，它们中有且仅有一个发生，则其平均的信息量可如下度量：

$$I(s_1, s_2, \cdots, s_n)=\sum_1^n p(s_i)\log_2 1/p(s_i) \tag{2}$$

并规定当 $p(s_i)=0$ 时，$I(s_i)=p(s_i)\log_2 1/p(s_i)=0$

2. 决策树的信息熵

在决策树分类中，假设 S 是 s 个样本数的数据样本集合，假定类标号属性具有 m 个不同类 C_i（$i=1$，…，m），假设 s_i 是类 C_i 的样本数。对一个给定的样本分类所需的期望信息：

$$I(s_1, s_2, \cdots, s_m)=\sum_1^m p_i\log_2 1/p_i \tag{3}$$

式中，p_i 是任意样本属于 C_i 的概率，$p_i=s_i/s$。

假设属性 Q 具有 v 个不同值 $\{q_1, q_2, \cdots, q_v\}$，可以用属性 Q 将 S 划分为 v 个子集 $\{S_1, S_2, \cdots, S_v\}$。其中，包含 S_j 中这样一些样本，它们在 Q 上具有值 q_j。如果将 Q 选作测试属性（即最好的分裂属性），则这些子集对应由包含集合 S 的节点生长出来的分枝。假设 s_{ij} 是 S_j 中类 C_i 的样本数，根据 Q 划分成子集的熵（entropy）或期望信息为：

$$E(Q)=\sum_{1}^{v}(s_{ij}+\cdots+s_{mj})/s*I(s_{ij},\ \cdots,\ s_{mj}) \tag{4}$$

其中（$s_{ij}+\cdots+s_{mj}$）$/s$ 项充当第 j 个子集的权，并且等于子集（即 Q 值为 q_j）中的样本个数除以 S 中样本总数。熵值越小，子集划分的纯度就高。

3. 信息增益和信息增益率

通过测试属性 Q 划分的信息增益为：

$$\text{Gain}(Q)=I(s_1,\ s_2,\ \cdots,\ s_m)-E(Q) \tag{5}$$

换言之，Gain（A）是由于获得属性 Q 的值而导致的熵的期望压缩。

然后，再计算属性 A 对应的信息增益率：

$$\text{GainRation}(Q)=\text{Gain}(Q)/E(Q) \tag{6}$$

通过计算每个属性的信息，选择具有最高信息增益率的属性即是给定集合 S 中具有最高区分度的属性，将其作为分枝结点对集合进行划分，并由此产生相应的分枝结点。

三、决策树分析法步骤

决策树分析法是一种通过图形展示不同决策的预期结果，帮助决策者选择最优方案的工具。其基本步骤包括：

（1）明确决策问题　首先，需要明确需要解决的问题，并确定所有可能的备选方案。

（2）绘制决策树图　按决策树图从左到右展示决策的顺序和可能的结果，包括决策点、方案枝、概率枝和结局结。

（3）计算期望值　按从右到左的顺序计算各方案的期望值，将每个方案的期望值写在相应的方案枝中。

（4）剪枝　根据期望值的大小，将期望值小的方案（即劣等方案）剪掉，保留的最后方案为最佳方案。

■ 第三节　层次分析法

一、概述

层次分析法是指将与决策有关的元素分解成目标、准则、方案等层次，在此基础之上进行定性和定量分析的决策方法。该方法是美国运筹学家匹茨堡大学教授 T. L. Saaty 于

20 世纪 70 年代初，在为美国国防部研究“根据各个工业部门对国家福利的贡献大小而进行电力分配”课题时，应用网络系统理论和多目标综合评价方法，提出的一种层次权重决策分析方法。

层次分析法是指将一个复杂的多目标决策问题作为一个系统，将目标分解为多个目标或准则，进而分解为多指标（或准则）的若干层次（图 5－2），通过定性指标模糊量化方法算出层次单排序和总排序，以作为目标（多指标）、多方案优化决策的系统方法。

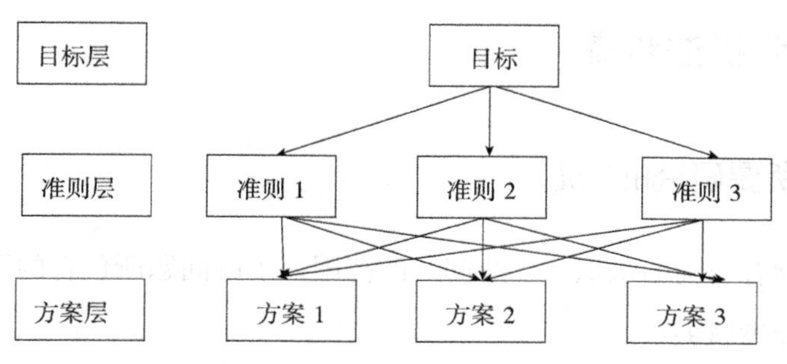

图 5－2 层次分析法结构示意

层次分析法是将决策问题按总目标、各层子目标、评价准则直至具体的备选方案的顺序分解为不同的层次结构，然后用求解判断矩阵特征向量的办法，求得每一层次的各元素对上一层次某元素的优先权重，最后再通过加权和的方法递阶归并各备选方案对总目标的最终权重，此最终权重最大者即为最优方案。

层次分析法比较适合于具有分层交错评价指标的目标系统，而且目标值又难于定量描述的决策问题。总体而言，层次分析法是一种非常有效的多准则决策分析方法，可广泛应用于各种决策问题，如投资方向选择、产品选型、供应商评估等。通过合理地构建层次结构和比较判断，可以得出客观且可信的决策结果，为决策者提供有力的决策支持。

为使动物疫病传播风险评估工作更加科学，有效降低专家主观因素给风险评估带来的不利影响，越来越多的学者采用层次分析法构建动物疫病风险评估模型，从而有效提高动物疫病风险评估水平。

二、层次分析法原理

层次分析法根据问题的性质和要达到的总目标，将问题分解为不同的组成因素，并按照因素间的相互关联影响以及隶属关系将因素按不同层次聚集组合，形成一个多层次的分析结构模型，从而最终使问题归结为最低层（供决策的方案、措施等）相对于最高层（总目标）的相对重要权值的确定或相对优劣次序的排定。

层次分析法的基本原理是将决策问题逐层分解，通过两两比较和权重计算，理性地确定各个因素的优先级和权重。通过分析和评价不同方案，辅助决策者做出最佳选择。最大的优点是能够将主观因素定量化，并提供一种系统化的方法来处理决策问题。然而，层次分析法也存在一些局限性，比如对专家判断的依赖程度较高，对判断矩阵的一致性要求较严格等。

三、层次分析法步骤

（一）明确所要研究的问题

首先要对问题有明确的认识，弄清问题的范围，了解问题所包含的因素，确定出因素之间的关联关系和隶属关系。

（二）建立层次结构模型

将问题所含的因素进行分组，把每一组作为一个层次，按照最高层（目标层）、若干中间层（准则层）及最低层（方案层）的形式排列起来。如果某一个元素与下一层的所有元素均有联系，则称这个元素与下一层次存在有完全层次关系；如果某一个元素只与下一层的部分元素有联系，则称这个元素与下一层次存在有不完全层次关系。层次之间可以建立子层次，子层次从属于主层次中的某一个元素，它的元素与下一层的元素有联系，但不形成独立层次。

当某个层次包含因素较多时，可将该层次进一步划分成若干子层次。通常应使各层次中的各因素支配的元素不超过 9 个，这是因为支配元素过多会给两两比较带来困难。

（三）构建判断矩阵

任何系统分析都以一定的信息为基础。层次分析法的信息基础主要是人们对每一层次各因素的相对重要性给出的判断，这些判断用数值表示出来，写成矩阵形式就是判断矩阵。判断矩阵是层次分析法工作的出发点，构造判断矩阵是层次分析法的关键一步。

层次结构模型确定了上、下层元素间的隶属关系。对于同层各元素，以相邻上层有联系的元素为准，分别两两比较，在咨询有关专家的基础上判断其相对重要或优劣程度，构造判断矩阵。

假定 A 层中因素 A_k 与下一层次中因素 B_1，B_2，…，B_n 有联系，则构造的判断矩阵如表 5-3 所示。b_{ij} 是对于 A_k 而言，B_i 对 B_j 的相对重要性的数值表示。衡量相对重要程度的差别可使用 1～9 比例标度法，判断矩阵标度含义见表 5-4。

表 5-3　构造的判断矩阵

A_k	B_1	B_2	…	…	B_n
B_1	b_{11}	b_{12}	…	…	b_{1n}
B_2	b_{21}	b_{22}	…	…	b_{2n}
…	…	…	…	…	…
…	…	…	…	…	…
B_n	b_{n1}	b_{n2}	…	…	b_{nn}

表 5-4　判断矩阵标度含义

重要性标度	含　义
1	两因素相比，同等重要
3	两因素相比，一个比另一个稍微重要
5	两因素相比，一个比另一个明显重要
7	两因素相比，一个比另一个重要得多
9	两因素相比，一个比另一个极端重要
2，4，6，8	为两个判断之间的中间状态对应的标度值
倒数	若 i 因素与 j 因素比较，得到判断值为 b_{ij}，则 $b_{ji}=1/b_{ij}$

判断矩阵 B 具有如下特征：

$$b_{ij}>0,\ b_{ji}=\frac{1}{b_{ij}},\ b_{ii}=1 \qquad (i,\ j=1,\ 2,\ \cdots,\ n)$$

在特殊情况下，判断矩阵可以具有传递性，即满足等式：

$$b_{ij}\cdot b_{jk}=b_{ik} \quad (i,\ j,\ k=1,\ 2,\ \cdots,\ n)$$

当上式对判断矩阵所有元素都成立时，则该判断矩阵为一致性矩阵。

（四）层次单排序及其一致性检验

层次单排序就是把同一层次相应元素对于上一层次某元素相对重要性的排序权值求出来。方法是计算判断矩阵的 A 满足等式 $AW=\lambda_{\max}W$ 的最大特征根 $\lambda_{\max}$ 和对应的特征向量 W，这个特征向量即是单排序权值。这就要计算判断矩阵的最大特征向量，最常用的方法是和积法和方根法。

1. 和积法具体计算步骤

将判断矩阵的每一列元素进行归一化处理，其元素的一般项为：

$$b_{ij}=\frac{b_{ij}}{\sum_{1}^{n}b_{ij}}\qquad(i,\ j=1,\ 2,\ \cdots,\ n)$$

将每一列经归一化处理后的判断矩阵按行相加为：

$$W_i=\sum_{1}^{n}b_{ij}\qquad(i,\ j=1,\ 2,\ \cdots,\ n)$$

对向量 $W=(W_1,\ W_2,\ \cdots,\ W_n)^t$ 归一化处理：

$$W_i=\frac{W_i}{\sum_{1}^{n}W_j}\qquad(i=1,\ 2,\ \cdots,\ n)$$

$$W=(W_1,\ W_2,\ \cdots,\ W_n)^t$$

即为所求的特征向量的近似解。

计算判断矩阵最大特征根 $\lambda_{\max}$

$$\lambda_{\max}=\sum_{i=1}^{n}\frac{(BW)_i}{nW_i}$$

2. 方根法具体计算步骤

将判断矩阵的每一行元素相乘 M_{ij}：

$$M_{ij}=\prod_{1}^{n}b_{ij}\qquad(i,\ j=1,\ 2,\ \cdots,\ n)$$

计算 M_i 的 n 次方根 W_i：

$$W_i=\sqrt[n]{M_i}\qquad(i=1,\ 2,\ \cdots,\ n)$$

对向量 $W=(W_1,\ W_2,\ \cdots,\ W_n)^t$ 归一化处理：

$$W_i=W_i/\sum_{1}^{n}W_j\qquad(i=1,\ 2,\ \cdots,\ n)$$

$$W=(W_1,\ W_2,\ \cdots,\ W_n)^t$$

即为所求的特征向量的近似解。

计算判断矩阵最大特征根 $\lambda_{\max}$

$$\lambda_{\max}=\sum_{i=1}^{n}\frac{(BW)_i}{nW_i}$$

判断矩阵一致性指标 CI

$CI=\frac{\lambda_{\max}-n}{n-1}$，$n$ 为判断矩阵的阶数，CI 越小，则说明一致性越大。

由于一致偏离可由随机因素引起，因此在检验判断矩阵的一致性时，将 CI 与平均随机一致性指标 RI（RI 值由表 5－5 给出）进行比较，得出检验数 $CR=\frac{CI}{RI}$。若 $CR<0.10$，则说明判断矩阵一致性满足要求，即判断结果是可靠的；否则，应对判断矩阵的标度做出适当的修正。

表 5－5 平均随机一致性指标 *RI* 的值

n	1	2	3	4	5	6	7	8	9	10	11	12
RI	0	0	0.58	0.90	1.12	1.24	1.32	1.41	1.46	1.49	1.52	1.54

（五）层次总排序及其一致性检验

1. 层次总排序

计算同一层次所有元素对于最高层相对重要性的排序权值，称为层次总排序。这一过程是从最高层次到最低层次逐层进行的。若上一层次包含 m 个元素 A_1，A_2，A_3，…，A_m，其层次总排序权值分别为 a_1，a_2，a_3，…，a_m，下一层次 B 包含 B_1，B_2，B_3，… B_n，它们对于元素 A_j 的层次单排序权值分别为 b_{1j}，b_{2j}，…，b_{nj}（当 B_k 与 A_j 无关系时，$b_{kj}=0$），此时 B 层次总排序权值由表 5－6 给出。

表 5－6 总排序

层次	A_1	A_2	…	A_m	B 层总排序权重
	a_1	a_2	…	a_m	
B_1	b_{11}	b_{12}	…	b_{1n}	W_1
B_2	b_{21}	b_{22}	…	b_{2n}	W_2
⋮	⋮	⋮	⋮	⋮	⋮
B_n	b_{n1}	b_{n2}	…	b_{nn}	W_n

注：$W_i=\sum_1^m a_jb_{ij}$，$i=1, 2, \cdots, n$。

2. 层次总排序一致性检验

这一步骤也是从高到低进行的，如果 B 层次某些元素对于 A_j 单排序的一致性指标为 CI_j，相应的平均随机一致性指标为 RI_j，则层次总排序随机一致性比率为：

$$CR=\frac{\sum_{1}^{m}a_jCI_j}{\sum_{1}^{m}a_jRI_j}$$

当 $CR<0.1$ 时，认为层次总排序结果具有满意的一致性，否则需要重新调整判断矩阵元素的取值。

四、层次分析法应用

（一）高致病性禽流感风险评估

1. 高致病性禽流感概述

禽流感（AI）是由禽流感病毒（AIV）引起多种禽类（包括鸡、火鸡、鸭、鹅、鸽和鹌鹑等）、鸟类及人类发生感染和死亡的一种重要传染病。该病不仅严重危害我国及世界养禽业，每年造成巨大经济损失，而且对公共卫生安全和人类健康造成巨大威胁。根据禽流感病毒毒力不同，可将其分为高致病性禽流感（HPAI）、低致病性禽流感（LPAI）和非致病性禽流感三大类。高致病性禽流感主要由H5和H7亚型（包括H5N1、H5N2、H5N8、H5N9、H7N1、H7N3、H7N4和H7N7等）禽流感病毒引起，其主要特征是突然死亡和高死亡率，被世界动物卫生组织列为A类疫病，我国将其列为一类动物疫病。

（1）病原　AIV为正黏病毒科流感病毒属成员，病毒颗粒呈球形。病毒主要包括囊膜和核衣壳两部分，囊膜表面为血凝素（HA）和神经氨酸酶（NA）糖蛋白，是主要抗原成分。禽流感病毒基因组由8个RNA片段组成，按大小依次为*PB*1、*PB*2、*PA*、*HA*、*NP*、*NA*、*M*和*NS*基因。决定病毒致病性的基因主要有*HA*、*NA*、*PB*2、*PB*1、*NS*1等。HA蛋白介导病毒的吸附、融合及穿膜过程，NA蛋白能影响和阻止子代病毒释放。禽流感病毒感染宿主时，需首先与宿主细胞的表面受体结合。

（2）高致病性禽流感的主要临床表现　高致病性禽流感无特定临床症状，表现为突然发病，在短时间内可见食欲废绝、体温骤升、精神高度沉郁，冠与肉垂水肿、发绀，伴随着大批死亡，数天内死亡率可达90%以上。

（3）禽流感的传播途径　禽流感的传播有病禽与健康禽直接接触、病毒污染物间接接触两种途径。禽流感病毒存在于病禽和感染禽的消化道、呼吸道和禽体脏器组织中。因此，病毒可随眼、鼻、口腔分泌物及粪便排出体外，含病毒的分泌物、粪便、死禽尸体污染的任何物体，如饲料、饮水、禽舍、空气、笼具、饲养管理用具、运输车辆、昆虫及各种携带病毒的鸟类等均可机械性传播病毒。健康禽可通过呼吸道和消化道感染，引起发病。另外，禽流感病毒也会通过空气传播，候鸟（如野鸭）的迁徙可将禽流感病毒从一个地方传播到另一个地方，通过污染的环境（如水源）等可造成禽群的感染和发病。另外，带有禽流感病毒的禽群和禽产品的流通也会造成禽流感的传播。

（4）高致病性禽流感的流行特点　高致病性禽流感一年四季均可发生，但在冬季和春季多发，因为禽流感病毒在低温条件下抵抗力较强。各种品种和不同日龄的禽类均可感染高致病性禽流感，发病急、传播快，其致死率可达100%。

2. 高致病性禽流感风险评估模型

2003年底至今，高致病性禽流感在不同国家和地区频繁暴发，呈全球性传播趋势，其防控形势非常严峻。家禽饲养数量和密度、人员和物品流动、候鸟迁徙和气候等环境风险因素可影响高致病性禽流感疫情的发生与扩散。将环境、生态、社会和文化等方面的各种相关因素综合，进行高致病性禽流感风险评估，以确定疫情发生的风险程度，根据评估结果，可减少防控工作的被动性与盲目性，有针对性地采取预防措施，减少疫情发生风险。下文通过对高致病性禽流感相关数据进行统计分析，结合专家建议，确定了高致病性禽流感发生的风险因素；利用层次分析法确定了各风险因素的权重；应用多指标综合评价法计算评估结果。具体如下：

（1）确定高致病性禽流感发生风险因素的基本原则　全面合理的评估指标体系是保证评估结果科学准确的前提。在确定高致病性禽流感发生风险因素时，应遵循以下基本原则：

1）科学性原则　评估指标体系设计是否科学，直接关系到评估的质量，进行指标设计时应以流行病学和生态学理论为基础。

2）重要性原则　构成及作用于传染病流行的三个环节（传染源、传播途径和易感动物）的自然和社会因素都会影响高致病性禽流感的发生与传播，如果面面俱到，会造成分析过程的复杂性，还可能冲淡重要因素的作用。因此，在研究中选取起决定性作用的因素进行评价。

3）相对稳定原则　某些影响高致病性禽流感发生与传播的自然因素和人为因素具有很大的变动性和不确定性，因此，在研究中选取相对稳定的因素进行评价。

4）相对独立原则　确定的风险因素应尽量是相对独立的。若选择的因素在内涵上有交叉就会难于评价和比较，并会加重或削弱该因素的权重，影响评价结果的准确性。

5）可比性原则　评估指标体系的设计应该能够使不同地区或不同时间具有可比性。

6）可行性和可操作性原则　设计的指标应具有可采集性和可量化特点，能够有效衡量或统计。每项指标都要有资料来源，可从相关部门的统计资料中获得，也可经实地调查获得。

7）专家论证与实践验证相结合原则　采用专家意见咨询和实践验证相结合的方式，对评估体系中的指标进行筛选，尽可能全面、真实地反映出目前阶段对传染病的认识水平。

（2）高致病性禽流感发生风险评估指标体系

1）风险评估指标的确定　根据确定风险因素的基本原则，搜集、整理相关的流行病学资料，邀请专家，经分析论证确定高致病性禽流感发生的风险因素，包括7个方面的风险因素（B_1～B_7），23个子风险因素（C_1～C_{23}），具体见表5-7。

表5-7　高致病性禽流感传播风险因素

	B风险因素	C子风险因素
A高致病性禽流感传播风险因素	B_1 疫情和病原	C_1 本市（区、场）以前疫情情况
		C_2 周边省份或区县与其他省份或区县疫情情况
		C_3 相邻国家（地区）与其他国家（地区）疫情情况
		C_4 病毒血清型、变异性和毒力
	B_2 免疫和监测	C_5 免疫密度
		C_6 抗体合格率
		C_7 监测方式与频率
	B_3 饲养管理因素	C_8 养殖密度
		C_9 饲养与管理方式
		C_{10} 水禽占家禽养殖量的比例
		C_{11} 家禽粪便处理方式
	B_4 活禽调运	C_{12} 活禽调运的规模、数量与频密程度
		C_{13} 活禽调运的检疫力度
		C_{14} 活禽调运工具的卫生状况与消毒情况
	B_5 候鸟迁徙与分布	C_{15} 经该地区的迁徙候鸟的品种与数量
		C_{16} 候鸟迁徙路线
		C_{17} 家禽与候鸟的直接或间接接触情况
	B_6 气象因素	C_{18} 温度
		C_{19} 日照时间
		C_{20} 辐射强度

（续）

A高致病性禽流感传播风险因素	B风险因素	C子风险因素
	B_7 生态环境方面	C_{21}水系的分布情况
		C_{22}湿地的数量与规模
		C_{23}自然保护区的数量与规模

2）确定各风险评估指标的权重　权重也称权数或加权系数，它体现了各项指标的相对重要程度。在指标体系和各指标评估标准确定的前提下，指标权重确定的合理与否关系到评估结果的可信程度。本评估采用定性与定量相结合的层次分析法确定各因子的权重。根据系统的特点和基本原则，对各层因素进行对比分析，引入1～9比例标度法构造出判断矩阵，用求解判断矩阵最大特征根及其特征向量的方法得到各因素的相对权重，并根据最低层次各指标权重和指标值做出综合评估。层次分析法的步骤如下：

①建立层次结构模型。根据确立的高致病性禽流感传播风险因素和层次分析法的建模要求，把高致病性禽流感传播风险评估作为A层，风险因素作为B层，子风险因素作为C层，B层与C层为不完全层次关系，其他层为完全层次关系，建立相应的评估模型。具体见表5-7。

②构造判断矩阵。层次结构模型确定了上、下层元素间的隶属关系。对于同层各元素，以相邻上层有联系的元素为准，分别两两比较，在咨询有关专家的基础上判断其相对重要或优劣程度，构造判断矩阵。A-B判断矩阵记为$A=(B_{ij})_{n\times n}$，B_i-C有七个判断矩阵，分别记为$B=(C_{ij})_{n\times n}$。衡量相对重要程度的差别可使用1～9比例标度法，判断指标间风险程度的衡量尺度如表5-4所示。

③层次单排序及其一致性检验。根据矩阵特征值有关定理可知，上述构造的各正互反判断矩阵存在正的特征值及其对应的正的特征向量，其最大特征值对应的特征向量归一化后，便为该层次相应元素对于上一层次某一元素的相对重要性权重，这一过程称为层次单排序。用和积法计算出单一目标B_k的下层目标C_1，C_2，C_3，…，C_n的单权重向量为$W=(W_1, W_2, W_3, \cdots, W_n)$，所求的特征向量亦即重要性系数。而最大特征根为$\lambda_{\max}=\sum_{i=1}^{n}\frac{(BW)_i}{nW_i}$，根据判断矩阵的一致性检验方法，一致性指标为$CI=\frac{\lambda_{\max}-n}{n-1}$，$n$为判断矩阵的阶数，$CI$越小，则说明一致性越大。由于一致偏离可由随机因素引起，因此在检验判断矩阵的一致性时，将CI与平均随机一致性指标RI（RI值由表5-5给出）进行比

较，得出检验数 $CR=\frac{CI}{RI}$。若 $CR<0.10$，则说明判断矩阵一致性满足要求，即判断结果是可靠的；否则，应对判断矩阵的标度做出适当的修正。

a. 一级指标的确定及一致性检验。将矩阵的数据经过 Excel 分析处理后，可得最大特征根 $\lambda_{max}=7.086$，根据一致性检验公式 $CR=CI/RI$ 和随机一致性指标数值，得出 $CR=0.0109$。

疫情和病原、免疫和监测、饲养管理因素、活禽调运、候鸟迁徙与分布、气象因素、生态环境方面权重分别为0.283、0.256、0.180、0.164、0.043、0.040、0.034。具体见表5-8。

b. 二级指标的确定及一致性检验。依据上述方法求出疫情和病原、免疫和监测、饲养管理因素、活禽调运、候鸟迁徙与分布、气象因素、生态环境方面分准则层的权重向量分别为：

$WB_1=(0.558, 0.122, 0.057, 0.263)$　$CI=0.039$　$RI=0.9$　$CR=0.0433$

$WB_2=(0.429, 0.429, 0.143)$　$CI=0$　$RI=0.58$　$CR=0$

$WB_3=(0.284, 0.518, 0.099, 0.099)$　$CI=0.001$　$RI=0.9$　$CR=0.0011$

$WB_4=(0.525, 0.334, 0.142)$　$CI=0.027$　$RI=0.58$　$CR=0.0466$

$WB_5=(0.200, 0.200, 0.600)$　$CI=0$　$RI=0.58$　$CR=0$

$WB_6=(0.500, 0.250, 0.250)$　$CI=0$　$RI=0.58$　$CR=0$

$WB_7=(0.500, 0.250, 0.250)$　$CI=0$　$RI=0.58$　$CR=0$

④层次总排序及其一致性检验。总排序即基于层次单排序的结果计算同一层次所有元素对高层目标层的相对重要性的权值。这一过程是从最高层次到最低层次逐层进行的，其结果也要进行总的一致性检验。对 A-B-C 矩阵进行总排序，最终权重 R_i 为 A-B 矩阵和 B_i-C 矩阵之积（具体见表5-8）。

C 层次某些元素对于 B_j 单排序的一致性指标为 CI_j，相应的平均随机一致性指标为 RI_j，则层次总排序随机一致性比率为：

$$CR=\frac{\sum_{1}^{m}a_jCI_j}{\sum_{1}^{m}a_jRI_j}=0.02149$$

当 $CR<0.1$ 时，认为层次总排序结果具有满意的一致性，否则需要重新调整判断矩阵元素的取值。

表 5-8 高致病性禽流感风险指标权重

	一级指标	相对权重	二级指标	二级指标相对权重	绝对权重
高致病性禽流感风险指标相对权重与绝对权重	疫情和病原	0.283	本市（区、场）疫情情况	0.558	0.158
			周边省份或区县与其他省份或区县疫情情况	0.122	0.034
			相邻国家（地区）与其他国家（地区）疫情情况	0.057	0.016
			病毒血清型、变异性和毒力	0.263	0.074
	免疫和监测	0.256	免疫密度	0.429	0.110
			抗体合格率	0.429	0.110
			监测方式与频率	0.143	0.037
	饲养管理因素	0.180	养殖密度	0.284	0.051
			饲养与管理方式	0.518	0.093
			水禽占家禽养殖量的比例	0.099	0.018
			家禽粪便处理方式	0.099	0.018
	活禽调运	0.164	活禽调运的规模、数量与频密程度	0.525	0.086
			活禽调运的检疫力度	0.334	0.055
			活禽调运工具的卫生状况与消毒情况	0.142	0.023
	候鸟迁徙与分布	0.043	经该地区的迁徙候鸟的品种与数量	0.200	0.009
			候鸟迁徙路线	0.200	0.009
			家禽与候鸟的直接或间接接触情况	0.600	0.026
	气象因素	0.040	温度	0.500	0.020
			日照时间	0.250	0.010
			辐射强度	0.250	0.010
	生态环境方面	0.034	水系的分布情况	0.500	0.017
			湿地的数量与规模	0.250	0.008 5
			自然保护区的数量与规模	0.250	0.008 5

3）风险评估指标说明

■ B_1 疫情和病原

C_1 本市（区、场）疫情情况：环境中的高致病性禽流感病毒可长时间存活，一旦遇到适宜的外界环境，便可形成一定规模的暴发。

C_2 周边省份或区县与其他省份或区县疫情情况：人员与物品流动可使疫情从一个省份或区县迅速传到另一个省份或区县。

C_3 相邻国家（地区）与其他国家（地区）疫情情况：人员与物品流动可使疫情从一个国家（地区）传到另一个国家（地区）。

C_4 病毒血清型、变异性和毒力：同一地区不同时间流行的病毒抗原性可能存在很大的差异。某些病毒的血清型多、容易发生抗原变异，常常造成免疫接种失败。病毒在抗原性、致病力等方面发生变异，在适应环境后就可能引发一次新的流行。

■ B_2 免疫和监测

C_5 免疫密度：免疫密度高可形成保护屏障，降低疫情的发生可能性。

C_6 抗体合格率：抗体合格率高可形成保护屏障，降低疫情的发生可能性。

C_7 监测方式与频率：有无抗体和病原学监测方法，以及监测频率，可影响疫情的发生。

■ B_3 饲养管理因素

C_8 养殖密度：家禽分布密集可增大接触率，容易导致高致病性禽流感的传播。

C_9 饲养与管理方式：家禽散养、不同品种家禽混养或猪禽混养增加了高致病性禽流感传播的可能性。合理的管理方式如养殖场舍隔离、控制人员和物品流动、环境消毒等均可降低高致病性禽流感发生与传播的概率。

C_{10} 水禽占家禽养殖量的比例：水禽养殖量越大，导致高致病性禽流感传播的概率越大。

C_{11} 家禽粪便处理方式：由于病禽能通过粪便中排出大量高致病性禽流感病毒，被粪便污染的工具、饲料、笼具、衣服和鞋子等均可成为机械性传播媒介。

■ B_4 活禽调运

C_{12} 活禽调运的规模、数量与频密程度：活禽交易可使禽类跨地区流动，活禽流动可使疫情从一个地区迅速传到另一个地区。

C_{13} 活禽调运的检疫力度：在活禽调运之前病毒检疫与监测力度不足，会导致病禽进入市场流通。

C_{14} 活禽调运工具的卫生状况与消毒情况：活禽运输工具的卫生状况差，禽类排泄物未及时清理与消毒，污染的运输工具及笼具等可成为机械性传播媒介。

■ B_5 候鸟迁徙与分布

C_{15} 经该地区的迁徙候鸟的品种与数量：野生鸟类是高致病性禽流感病毒的巨大病原蓄积库和传播媒介，候鸟的分布与活动可影响高致病性禽流感的传播。

C_{16} 候鸟迁徙路线：候鸟迁来时是否经过疫区，疫区是否位于候鸟的主要迁徙路线，候鸟在此停留或栖息时间均可影响禽流感的传播。

C_{17} 家禽与候鸟的直接或间接接触情况：家禽和候鸟直接或间接接触可导致高致病性

禽流感发生与传播，可从养禽场与候鸟栖息地距离、是否封闭式养殖、有无共用水域等方面进行综合评估。

■ B_6 气象因素

C_{18}温度：从高致病性禽流感病毒的生物学特性来看，温度越低，病毒存活时间越长，但由于病毒处在低活性状态，细胞内复制能力受限，其感染力与致病力较低；温度越高，病毒存活时间越短，传播的时间与机会也相对较少。

C_{19}日照时间：禽流感病毒对日光敏感，冬季日照时间短，有利于禽流感病毒在野外的存活，也就增加了感染的概率。日照较少的地区容易发生禽流感。

C_{20}辐射强度：高致病性禽流感病毒对紫外线非常敏感，直射阳光下 40～48h 可失活。

■ B_7 生态环境方面

C_{21}水系的分布情况：水系决定着候鸟的分布，带毒候鸟在迁徙沿途通过排泄物污染水源及土壤，可能造成高致病性禽流感的发生与传播。

C_{22}湿地的数量与规模：湿地是野生鸟类的主要繁殖地、越冬地和迁徙路线上的停歇地。

C_{23}自然保护区的数量与规模：自然保护区是野生鸟类的主要繁殖地、越冬地和迁徙路线上的停歇地。

（3）综合评分方法　动物疫病风险评估的本质是一个定量分析的过程，即用数字去反映可能发生动物疫病的概率，因此需要对风险指标进行分级量化，分为高风险、较高风险、中度风险、低风险和极低风险 5 个风险等级，每级分别赋值为 1、0.7、0.4、0.2、0（具体见表 5 - 9）。

多指标综合评价法，是将多个内容、量纲、评价方法和评价标准均不统一的指标进行标准化处理，使各指标的评价结果或得分值具有可比性，再通过一定的数学模型或算法将多个评估指标值计算为一个整体性的综合评估值。将每个指标的标准分值与其权重进行加权平均，就得到风险评价的总分值，综合评价函数为：

$$Y=\sum_{i=1}^{n}R_iX_i$$

式中，Y 为高致病性禽流感发生风险的概率，X_i 为子风险因素赋值结果，R_i 为子风险指标的绝对权值，n 为子风险因素的数量。

表 5-9　高致病性禽流感评价指标的赋值标准

评价指标	赋值				
	1	0.7	0.4	0.2	0
本市（区、场）疫情情况	1～2年内本市（区、场）本季度发生过疫情	1～2年内本市（区、场）其他季度发生过疫情	3～5年内本市（区、场）发生过疫情	5年以上本市（区、场）发生过疫情	本市（区、场）未发生过疫情
周边省份或区县与其他省份或区县疫情情况	周边省份或区县1～2年内本季度发生过疫情	周边省份或区县1～2年内其他季度发生过疫情	其他省份或区县1～2年内本季度发生过疫情	其他省份或区县1～2年内发生过疫情	周边省份或区县与其他省份或区县未发生过疫情
相邻国家（地区）与其他国家（地区）疫情情况	相邻国家（地区）1～2年内本季度发生过疫情	相邻国家（地区）1～2年内其他季度发生过疫情	其他国家（地区）1～2年内本季度发生过疫情	其他国家（地区）1～2年内发生过疫情	相邻国家（地区）与其他国家（地区）未发生过疫情
病毒血清型、变异性和毒力	有不同的血清型，或毒株易变异，或不同毒株之间毒力不同				只有一个血清型，且毒株不易变异，且不同毒株毒力相同
免疫密度	免疫率≤20%	20%<免疫率≤60%	60%<免疫率≤80%	80%<免疫率≤95%	95%<免疫率≤100%
抗体合格率	抗体合格率≤50%	50%<抗体合格率≤70%	70%<抗体合格率≤80%	80%<抗体合格率≤90%	抗体合格率≥90%
监测方式与频率	无病原学和抗体监测方法	一年监测一次病原和抗体	半年监测一次病原和抗体	一季度监测一次病原和抗体	每月监测一次病原和抗体
养殖密度	养殖密度≥5 000只/km^2	4 000只/km^2≤养殖密度<5 000只/km^2	1 000只/km^2≤养殖密度<4 000只/km^2	500只/km^2≤养殖密度<1 000只/km^2	养殖密度<500只/km^2
饲养与管理方式	以养殖小区为主	以散养为主	规模化养殖程度一般	规模化养殖程度高	规模化养殖程度较高
水禽占家禽养殖量的比例	≥40%	30%≤比例<40%	20%≤比例<30%	10%≤比例<20%	0≤比例<10%
家禽粪便处理方式	清理粪便间隔时间较长	不定期清理粪便	定期清理粪便	及时清理粪便	无害化处理
活禽调运的规模、数量与频密程度	调入量大且频次多	调入量小，但频次多	调入量大，但频次少	调入量小且频次少	无活禽调入

（续）

评价指标	赋值				
	1	0.7	0.4	0.2	0
活禽调运的检疫力度	无检疫环节	检疫程度较低，漏检数量较多	检疫程度低，漏检数量多	较好的检疫程度，但有漏检现象	严格的检疫环节，严禁病禽进入流通市场
活禽调运工具的卫生状况与消毒情况	卫生极差且不消毒	卫生差，偶尔消毒	卫生状况一般且按规定消毒	卫生状况较好且按规定消毒	极好且按规定消毒
经该地区的迁徙候鸟的品种与数量	极多	较多	多	少	较少
候鸟迁徙路线	候鸟主要迁徙路线经过该地区，该地区属于候鸟的栖息地或繁殖地，而且此时是候鸟在该地活动季节	该地区不位于候鸟主要迁徙路线上，但也有为数不少的候鸟经过，少量候鸟在此地停留或栖息，并且此时是候鸟迁飞季节	主要的候鸟迁徙路线不经过该地区，候鸟迁徙经过该地区但不在此长时间停留或栖息	很少的候鸟迁徙路线经过该地区，但候鸟在此不停留	任何候鸟都不经过该地区
家禽与候鸟的直接或间接接触情况	露天养禽数量较多，有候鸟在养禽场栖息	家禽半封闭式养殖，家禽与候鸟有直接接触	家禽封闭式养殖，家禽与候鸟有直接接触	家禽封闭式养殖，家禽与候鸟直接或间接接触很少	家禽封闭式养殖，与候鸟无接触
温度	6℃≤温度<16℃	−6℃≤温度<6℃	16℃≤温度<25℃	25℃≤温度<30℃	≥30℃
日照时间	较短	短	中等	长	较长
辐射强度	较弱	弱	中等	强	较强
水系的分布情况	水网密集，且与候鸟共用的水源多处	水网密集，但与候鸟共用的水源少	水网稀疏，有与候鸟共用的水源	水网稀疏，与候鸟无共用的水源	水系很少，与候鸟无共用的水源
湿地的数量与规模	湿地较多	湿地数量一般	有少量的湿地	湿地较少	无湿地
自然保护区的数量与规模	自然保护区较多	自然保护区数量一般	有少量的自然保护区	自然保护区较少	无自然保护区

（4）风险等级　通过专家会议，按概率划分出五个风险等级 1～0.8、0.8～0.6、0.6～0.4、0.4～0.2 和 0.2～0，分别为高风险、较高风险、中度风险、低风险和极低风险 5 个风险等级（表 5 - 10）。

表 5 - 10　高致病性禽流感风险指标等级

风险等级	高风险	较高风险	中度风险	低风险	极低风险
风险概率	1～0.8	0.8～0.6	0.6～0.4	0.4～0.2	0.2～0
风险描述	几乎是肯定会发生	可能会经常发生	可能会定期发生	发生可能性小	极少发生

（5）评估模型的应用范围　该模型可用于市、区、场高致病性禽流感发生风险的评估。

（6）案例分析　应用此模型评估 2023 年某市某区第四季度高致病性禽流感发生风险。赋值标准见表 5 - 9。

1）评估结果　该区高致病性禽流感风险概率为 0.507，风险等级为中度风险，可能会定期发生。具体评估结果见表 5 - 11。

表 5 - 11　2023 年某市某区第四季度高致病性禽流感风险概率

子风险指标	绝对权重（*R*）	赋值（*X*）	*R* * *X*
本区疫情情况	0.158	0	0.000 0
周边省份或区县与其他省份或区县疫情情况	0.034	1	0.034 0
相邻国家（地区）与其他国家（地区）疫情情况	0.016	1	0.016 0
病毒血清型、变异性和毒力	0.074	1	0.074 0
免疫密度	0.110	0.4	0.044
抗体合格率	0.110	0.4	0.044
监测方式与频率	0.037	0.4	0.014 8
养殖密度	0.051	0.4	0.020 4
饲养与管理方式	0.093	0.7	0.065 1
水禽占家禽养殖量的比例	0.018	0.2	0.003 6
家禽粪便处理方式	0.018	0.7	0.012 6
活禽调运的规模、数量与频密程度	0.086	0.7	0.060 2
活禽调运的检疫力度	0.055	0.7	0.038 5
活禽调运工具的卫生状况与消毒情况	0.023	0.7	0.016 1
经该地区的迁徙候鸟的品种与数量	0.009	0.7	0.006 3
候鸟迁徙路线	0.009	0.7	0.006 3
家禽与候鸟的直接或间接接触情况	0.026	0.4	0.010 4
温度	0.020	0.7	0.014 0
日照时间	0.010	0.4	0.004 0
辐射强度	0.010	0.4	0.004 0
水系的分布情况	0.017	0.7	0.011 9

（续）

子风险指标	绝对权重（R）	赋值（X）	$R*X$
湿地的数量与规模	0.008 5	0.4	0.003 4
自然保护区的数量与规模	0.008 5	0.4	0.003 4
风险概率值（Y）			0.507

2）风险控制措施与建议　根据评估结果，提出如下建议：

11—12 月为秋冬交替季节，是禽流感的高发期，防疫形势严峻，有关部门要高度重视疫情的防控工作，扎实做好各项防控工作。

①加强免疫和免疫抗体水平监测。养殖场（户）应按科学的免疫程序进行免疫，加强免疫抗体水平监测，尤其应加强养殖小区和散养户的免疫抗体水平监测，根据群体抗体水平及时加强免疫。

②加强病原学监测。加强鸡、鸭、鹅、野禽、鸽、孔雀等的病原学监测，并加强候鸟栖息地的禽类监测，一旦发现可疑情况，立即上报相关部门，并采取有效措施。

③禽流感病毒易发生变异，现有疫苗对变异毒株可能无交叉保护作用或作用较弱。养殖场应加强消毒、人流与物流控制、及时清理粪便等综合防控措施，降低疫病发生的风险，并加强临床监视，及早发现疫情并上报。

④养禽场（户）应实行封闭管理，禁止外来人员和车辆进入场区，如必须进入的，需进行严格的消毒。

⑤加强对进出境、外省调入和跨区县调运的禽类及禽类产品的检疫工作，并对运输活禽车辆、工具严格消毒。禁止从疫区购买禽类及其产品，防止疫情传入或传播。

⑥各公园做好饲养禽类的防疫和监测工作，发现异常立即上报相关部门，并配合动物防疫部门做好有关疫情监测工作。

⑦加强基层防疫人员、养殖场（户）管理人员和养殖人员的业务培训，提高防控意识和水平，同时做好人员的生物安全防护。

（二）新城疫风险评估

1. 新城疫概述

新城疫（ND）即亚洲鸡瘟，是由新城疫病毒（NDV）引起禽的一种急性、热性、败血性和高度接触性传染病。以高热、呼吸困难、下痢、神经紊乱、黏膜和浆膜出血为特征。本病具有很高的发病率和病死率，是危害养禽业的一种主要传染病。世界动物卫生组织将其列为 A 类疫病，我国将其列为二类传染病。

（1）病原　NDV 为副黏病毒科正禽腮腺炎病毒属的禽副黏病毒Ⅰ型。病毒存在于病禽的所有组织器官、体液、分泌物和排泄物中，以脑、脾、肺含毒量最高，以骨髓含毒时间最长。NDV 在低温条件下抵抗力强，－20℃时能存活 10 年以上；真空冻干病毒在 30℃可保存 30d，15℃可保存 230d；不同毒株对热的稳定性有较大的差异。

（2）临床症状　感染 NDV 的禽类可通过呼吸道和消化道向周围环境中排放出大量的病毒。在感染该病毒 24h 内，家禽口、鼻、分泌物及粪便等中均含大量的 NDV。在自然条件下，该病毒主要通过禽类消化道和呼吸道感染。

不同 NDV 毒株以及其分离物会引起不同严重程度的发病，其临床症状也会有所不同。强毒的 NDV 可能会导致易感禽发生急性感染，其中最典型的现象就是猝死。除此之外，可能会导致鸡在产蛋时出现无壳或软壳蛋的情况，最终导致完全停止产卵。中等毒力的 NDV 通常会引起比较严重的呼吸道疾病，且家禽会出现一些神经症状，死亡率可能会达到 50%，甚至更高。低毒力的 NDV 在家禽的体内几乎不引起症状，但可能在短时间内引起禽类呼吸困难。

（3）流行病学　鸡、野鸡、火鸡、珍珠鸡、鹌鹑易感。其中以鸡最易感，野鸡次之。不同年龄的鸡易感性存在差异，幼雏和中雏易感性最高，两年以上的老鸡易感性较低。水禽如鸭、鹅等也能感染本病，并已从鸭、鹅、天鹅、塘鹅和鸬鹚中分离到病毒，但它们一般不能将病毒传给家禽。鸽、斑鸠、乌鸦、麻雀、八哥、老鹰、燕子以及其他自由飞翔的或笼养的鸟类，大部分也能自然感染本病或伴有临诊症状或隐性经过。

病鸡是本病的主要传染源，鸡感染后临床症状出现前 24h，其口、鼻分泌物和粪便中就有病毒排出。病毒存在于病鸡的所有组织器官、体液、分泌物和排泄物中。在流行间歇期的带毒鸡，也是本病的传染源。鸟类是重要的传播者。病毒可经消化道、呼吸道，也可经眼结膜、受伤的皮肤和泄殖腔黏膜侵入机体。该病一年四季均可发生，但以春秋季较多。鸡场内的鸡一旦发生本病，可于 4～5d 波及全群。

2. 新城疫风险评估模型

近年来，各地各有关部门按照国家总体部署，坚持预防为主，切实落实免疫、监测、扑杀、消毒、无害化处理等各项综合防治措施，加大防控工作力度，疫情发生概率明显下降，感染率总体维持在较低水平。但局部地区病毒污染比较严重，疫情呈持续性地方流行。

为了有效预防与控制新城疫的发生，减少其对养殖业的危害，根据当前我国新城疫发生、传播和流行特点，结合新城疫防控工作的客观现状，构建了一套切实可行的新城疫风险评估体系，指导新城疫的防控工作，以降低新城疫发生风险。

（1）新城疫发生风险评估指标体系

1）风险评估指标的确定　根据确定风险因素的基本原则，搜集、整理相关的流行病学资料，邀请专家，经分析论证确定新城疫发生的风险因素，包括 6 个方面的风险因素（B_1～B_6），19 个子风险因素（C_1～C_{19}），具体见表 5－12。

表 5－12　新城疫传播风险因素

	B 风险因素	C 子风险因素
A 新城疫传播风险因素	B_1 疫情和病原	C_1 本市（区、场）以前疫情情况
		C_2 周边省份与其他省份疫情情况
		C_3 相邻国家（地区）与其他国家（地区）疫情情况
		C_4 病毒血清型、变异性和毒力
	B_2 免疫和监测	C_5 免疫密度
		C_6 抗体合格率
		C_7 监测方式与频率
	B_3 饲养管理因素	C_8 养殖密度
		C_9 饲养与管理方式
		C_{10} 家禽粪便处理方式
	B_4 活禽调运	C_{11} 活禽调运的规模、数量与频密程度
		C_{12} 活禽调运的检疫力度
		C_{13} 活禽调运工具的卫生状况与消毒情况
	B_5 候鸟迁徙与分布	C_{14} 经该地区的迁徙候鸟的品种与数量
		C_{15} 候鸟迁徙路线
		C_{16} 家禽与候鸟的直接或间接接触情况
	B_6 气象因素	C_{17} 温度
		C_{18} 日照时间
		C_{19} 辐射强度

2）确定各风险评估指标的权重

①建立层次结构模型。根据确立的新城疫传播风险因素和层次分析法的建模要求，把新城疫传播风险评估作为 *A* 层，风险因素作为 *B* 层，子风险因素作为 *C* 层，*B* 层与 *C* 层为不完全层次关系，其他层为完全层次关系，建立相应的评估模型。具体见表 5－12。

②构造判断矩阵。层次结构模型确定了上、下层元素间的隶属关系。对于同层各元素，以相邻上层有联系的元素为准，分别两两比较，在咨询有关专家的基础上判断其相对重要或优劣程度，构造判断矩阵。A-B 判断矩阵记为 $A=(B_{ij})_{n\times n}$，B_i-C 有六个判断矩阵，分别记为 $B=(C_{ij})_{n\times n}$。衡量相对重要程度的差别可使用1～9 比例标度法，判断指标间风险程度的衡量尺度如表 5－4 所示。

③层次单排序及其一致性检验。根据矩阵特征值有关定理可知，上述构造的各正互反判断矩阵存在正的特征值及其对应的正的特征向量，其最大特征值对应的特征向量归一化后，便为该层次相应元素对于上一层次某一元素的相对重要性权重，这一过程称为层次单排序。用和积法计算出单一目标 B_k 的下层目标 C_1，C_2，C_3，…，C_n 的单权重向量为 $W=(W_1, W_2, W_3, \cdots, W_n)$，所求的特征向量亦即重要性系数。而最大特征根为 $\lambda_{\max}=\sum_{i=1}^{n}\frac{(BW)_i}{nW_i}$，根据判断矩阵的一致性检验方法，一致性指标为 $CI=\frac{\lambda_{\max}-n}{n-1}$，$n$ 为判断矩阵的阶数，CI 越小，则说明一致性越大。由于一致偏离可由随机因素引起，因此在检验判断矩阵的一致性时，将 CI 与平均随机一致性指标 RI（RI 值由表 5－5 给出）进行比较，得出检验数 $CR=\frac{CI}{RI}$。若 $CR<0.10$，则说明判断矩阵一致性满足要求，即判断结果是可靠的；否则，应对判断矩阵的标度做出适当的修正。

a. 一级指标的确定及一致性检验。将矩阵的数据经过 Excel 分析处理后，可得最大特征根 $\lambda_{\max}=5.681$，根据一致性检验公式 $CR=CI/RI$ 和随机一致性指标数值，得出 $CR=0.051$。

疫情和病原、免疫和监测、饲养管理因素、活禽调运、候鸟迁徙与分布、气象因素权重分别为 0.323、0.274、0.171、0.131、0.051、0.051。具体见表 5－13。

b. 二级指标的确定及一致性检验。依据上述方法求出疫情和病原、免疫和监测、饲养管理因素、活禽调运、候鸟迁徙与分布、气象因素分准则层的权重向量分别为：

$WB_1=(0.558, 0.122, 0.057, 0.263)$ $CI=0.039$ $RI=0.9$ $CR=0.0433$

$WB_2=(0.429, 0.429, 0.143)$ $CI=0$ $RI=0.58$ $CR=0$

$WB_3=(0.369, 0.512, 0.119)$ $CI=0.044$ $RI=0.58$ $CR=0.0759$

$WB_4=(0.525, 0.334, 0.142)$ $CI=0.027$ $RI=0.58$ $CR=0.0466$

$WB_5=(0.200, 0.200, 0.600)$ $CI=0$ $RI=0.58$ $CR=0$

$WB_6=$（0.500，0.250，0.250）　　$CI=0$　　$RI=0.58$ $CR=0$

④层次总排序及其一致性检验。总排序即基于层次单排序的结果计算同一层次所有元素对高层目标层的相对重要性的权值。这一过程是从最高层次到最低层次逐层进行的，其结果也要进行总的一致性检验。对 A-B-C 矩阵进行总排序，最终权重 R_i 为 A-B 矩阵和 B_i-C 矩阵之积（具体见表 5-13）。

C 层次某些元素对于 B_j 单排序的一致性指标为 CI_j，相应的平均随机一致性指标为 RI_j，则层次总排序随机一致性比率为：

$$CR=\frac{\sum_1^m a_j CI_j}{\sum_1^m a_j RI_j}=0.03459$$

当 $CR<0.1$ 时，认为层次总排序结果具有满意的一致性，否则需要重新调整判断矩阵元素的取值。

表 5-13　新城疫风险指标权重

	一级指标	一级指标相对权重	二级指标	二级指标相对权重	绝对权重
新城疫风险指标相对权重值与绝对权重值	疫情和病原	0.323	本市（区、场）疫情情况	0.558	0.180
			周边省份与其他省份疫情情况	0.122	0.039
			相邻国家（地区）与其他国家（地区）疫情情况	0.057	0.018
			病毒血清型、变异性和毒力	0.263	0.085
	免疫和监测	0.274	免疫密度	0.429	0.118
			抗体合格率	0.429	0.118
			监测方式与频率	0.143	0.039
	饲养管理因素	0.171	养殖密度	0.369	0.063
			饲养与管理方式	0.512	0.088
			家禽粪便处理方式	0.119	0.020
	活禽调运	0.131	活禽调运的规模、数量与频密程度	0.525	0.069
			活禽调运的检疫力度	0.334	0.044
			活禽调运工具的卫生状况与消毒情况	0.142	0.019
	候鸟迁徙与分布	0.051	经该地区的迁徙候鸟的品种与数量	0.200	0.010
			候鸟迁徙路线	0.200	0.010
			家禽与候鸟的直接或间接接触情况	0.600	0.031
	气象因素	0.051	温度	0.500	0.026
			日照时间	0.250	0.013
			辐射强度	0.250	0.013

（2）综合评分方法　动物疫病风险评估的本质是一个定量分析的过程，即用数字去反映可能发生动物疫病的概率，因此需要对风险指标进行分级量化，分为高风险、较高风险、中度风险、低风险和极低风险5个风险等级，每级分别赋值为1、0.7、0.4、0.2、0（具体参考表5-9）。

多指标综合评价法，是将多个内容、量纲、评价方法和评价标准均不统一的指标进行标准化处理，使各指标的评价结果或得分值具有可比性，再通过一定的数学模型或算法将多个评估指标值计算为一个整体性的综合评估值。将每个指标的标准分值与其权重进行加权平均，就得到风险评价的总分值，综合评价函数为：

$$Y=\sum_{i=1}^{n}R_iX_i$$

式中，Y 为新城疫发生风险的概率，X_i 为子风险因素赋值结果，R_i 为子风险指标的绝对权值，n 为子风险因素的数量。

（3）风险等级　通过专家会议，按概率划分出五个风险等级1～0.8、0.8～0.6、0.6～0.4、0.4～0.2和0.2～0，分别为高风险、较高风险、中度风险、低风险和极低风险5个风险等级（表5-14）。

表5-14　新城疫风险指标等级

风险等级	高风险	较高风险	中度风险	低风险	极低风险
风险概率	1～0.8	0.8～0.6	0.6～0.4	0.4～0.2	0.2～0
风险描述	几乎是肯定会发生	可能会经常发生	可能会定期发生	发生可能性小	极少发生

（4）评估模型的应用范围　该模型可用于市、区、场新城疫发生风险的评估。

（5）案例分析　应用此模型评估2023年某市某区第二季度新城疫发生风险。赋值标准参考表5-9。

1）评估结果　该区新城疫风险概率为0.388 7，风险等级为低风险，发生可能性小。具体评估结果见表5-15。

表5-15　某市某区第二季度新城疫风险概率

子风险指标	绝对权重（R）	赋值（X）	$R*X$
本区疫情情况	0.180	0	0.000 0
周边省份与其他省份疫情情况	0.039	1	0.039

（续）

子风险指标	绝对权重（R）	赋值（X）	$R*X$
相邻国家（地区）与其他国家（地区）疫情情况	0.018	1	0.018
病毒血清型、变异性和毒力	0.085	1	0.085
免疫密度	0.118	0.2	0.023 6
抗体合格率	0.118	0.2	0.023 6
监测方式与频率	0.039	0.2	0.007 8
养殖密度	0.063	0.4	0.025 2
饲养与管理方式	0.088	0.4	0.035 2
家禽粪便处理方式	0.020	0.4	0.008
活禽调运的规模、数量与频密程度	0.069	0.7	0.048 3
活禽调运的检疫力度	0.044	0.7	0.030 8
活禽调运工具的卫生状况与消毒情况	0.019	0.4	0.007 6
经该地区的迁徙候鸟的品种与数量	0.010	0.4	0.004
候鸟迁徙路线	0.010	0.4	0.004
家禽与候鸟的直接或间接接触情况	0.031	0	0.000 0
温度	0.026	0.7	0.018 2
日照时间	0.013	0.4	0.005 2
辐射强度	0.013	0.4	0.005 2
风险概率值（Y）			0.388 7

2）风险控制措施与建议　虽然评估结果为低风险，但仍给出一些建议。

①采取科学合理的免疫程序。养殖场（户）应按科学的疫苗免疫程序进行免疫，在免疫过程中不仅要采用灭活苗免疫，还要采用弱毒苗和灭活苗相结合的方式，既要重视禽群体液免疫抗体水平，也不能忽视黏膜免疫的抗体水平。

②加强病原学和免疫抗体水平监测。尤其应加强养殖小区和散养户的免疫抗体水平监测，根据群体抗体水平及时加强免疫。加强鸡、野禽、鸽、火鸡、鸵鸟等的病原学监测，并加强候鸟栖息地和迁徙沿线的禽类监测，一旦发现可疑情况，立即上报相关部门。

③新城疫病毒只有一个血清型，但有多个基因型。不同基因型毒株间的毒力和抗原性有一定的差异，现有疫苗可能对流行毒株无交叉保护作用或作用较弱。养殖场应加强消

毒、人流与物流控制、及时清理粪便等综合防控措施，降低疫病发生的风险，并加强临床监视，及早发现疫情并上报。

（三）猪瘟、猪繁殖与呼吸障碍综合征风险评估

1. 猪瘟概述

猪瘟（CSF）是由猪瘟病毒（CSFV）引起的一类猪传染病，具有高度的传染性和致死性。猪瘟病毒是单股正链 RNA 病毒，核酸序列全长大约 12.3kb，只有一个开放阅读框，同时在病毒基因组两端存在 2 个非转录编码区域。猪瘟的临床症状主要分为急性感染和慢性感染两种。猪瘟病毒急性感染的潜伏期一般是 7～10d，随后出现非典型性的临床症状，主要包括高热、食欲匮乏、精神萎靡、结膜炎、身体蜷缩一团、呼吸困难和腹泻等。典型的猪瘟病毒感染症状会在感染发生后的 2～4 周出现，主要表现为共济失调、伴随瘫痪、震颤、皮肤发绀、实质性器官出血、皮肤瘀斑等，甚至死亡。慢性猪瘟病毒感染通常发生在自身免疫力低下的猪群，一般只表现出非典型性的临床症状，具体的临床表现有弛张热、精神沉郁、饲料转化率低、生长缓慢、腹泻和弥漫性皮炎，同时伴随细菌感染导致的肺炎、关节炎和胃肠炎等。

目前防控猪瘟常用的方法是加强猪瘟病毒疫苗的免疫工作，同时配合 ELISA 抗体检测方法定期监测猪群的猪瘟病毒抗体变化，进而评价猪瘟疫苗的免疫效果和猪群的整体健康度。猪瘟病毒疫苗的种类主要有减毒活疫苗、新型基因标记疫苗、复制子疫苗和病毒载体疫苗等。其中减毒活疫苗和新型基因标记疫苗均已在临床上大规模使用。我国研制的猪瘟病毒 C 株兔化弱毒疫苗已在全世界范围内广泛使用，被认为是控制猪瘟病毒最有效的疫苗之一，为世界范围内猪瘟病毒的净化做出了巨大贡献。

2. 猪繁殖与呼吸障碍综合征概述

猪繁殖与呼吸系统综合征（PRRS）又称蓝耳病，临床症状以母猪早产或妊娠后期流产，仔猪、断奶保育猪大量死亡，育肥猪发生严重的呼吸道疾病为特征。在 1996 年我国第一次分离到猪繁殖与呼吸综合征病毒（PRRSV），该毒株属于美洲株基因 2 型。猪繁殖与呼吸综合征病毒是由囊膜包裹的单股正链 RNA 病毒，属于动脉炎病毒科动脉炎病毒属。猪繁殖与呼吸综合征病毒在低温环境中结构稳定，高温时易受热变性而失活，偏酸或偏碱的环境均能使病毒的感染活性降低。

根据不同病毒毒株的基因组特点，可以将其分为基因 1 型（欧洲型）和基因 2 型（美

洲型）两种。目前中国主要流行的是基因 2 型中的 4 个亚型：JX1 和 CH-1a 类似株（8 系）、VR2332 类似株（5 系）、QYYZ 类似株（3 系）、NADC30 类似株（1 系）。2001 年后高致病力的 MN184 株开始出现，随后传入中国并在 2006 年引起高致病性猪繁殖与呼吸综合征病毒（HP-PRRSV）疫情暴发，致死率高达 20%～100%。猪群感染后一般表现出高热（达 41℃左右）、精神萎靡、身体变红、发绀、耳尖呈蓝紫色、咳嗽气喘、流鼻涕和呼吸困难等临床症状。部分猪群也会出现腹泻和共济失调的消化及神经系统症状。

3. 猪瘟、猪繁殖与呼吸障碍综合征风险评估模型

PRRS 和 CSF 是危害养猪业的两大主要疾病，给我国养猪业造成了巨大的损失。PRRS 是由 PRRSV 引起的一类传染病，临床表现为母猪繁殖系统障碍，断奶仔猪消瘦、生长迟缓及死亡率升高。2006 年暴发的“高热病”从我国南方地区迅速波及全国，经研究发现该病的病原是毒力更强的 PRRSV 变异毒株，因为 PRRSV 容易变异，且不同毒株间的交叉保护力较差，所以疫苗不能起到 100%的保护作用，而且该病毒可破坏免疫系统进而引发免疫抑制，增大猪患病的概率，已成为严重影响我国养猪业的疾病之一。CSF 是由 CSFV 引起的一类猪传染病，具有高度的传染性和致死性。随着疫苗的普及，CSF 在我国乃至世界范围内得到了有效控制。然而，猪群中发生引起免疫抑制的疾病、人为免疫操作不当、免疫程序执行不到位、疫苗保存不当和疫苗质量差等因素都会造成 CSF 免疫失败，导致猪感染 CSFV。

由于猪瘟与猪繁殖与呼吸障碍综合征的发生有许多相同之处，但又不完全相同，因此下文将针对猪瘟、猪繁殖与呼吸障碍综合征发生的风险评估模型一并进行探讨。

（1）猪瘟、猪繁殖与呼吸障碍综合征发生风险评估指标体系

1）风险评估指标的确定　根据确定风险因素的基本原则，搜集、整理相关的流行病学资料，邀请专家，经分析论证确定猪瘟、猪繁殖与呼吸障碍综合征发生的风险因素，包括 6 个方面的风险因素（B_1～B_6），21 个子风险因素（C_1～C_{21}），具体见表 5 - 16。

2）确定各风险评估指标的权重

①建立层次结构模型。根据确立的猪瘟、猪繁殖与呼吸障碍综合征传播风险因素和层次分析法的建模要求，把猪瘟、猪繁殖与呼吸障碍综合征传播风险评估作为 A 层，风险因素作为 B 层，子风险因素作为 C 层，B 层与 C 层为不完全层次关系，其他层为完全层次关系，建立相应的评估模型。具体见表 5 - 16。

表 5-16　猪瘟、猪繁殖与呼吸障碍综合征传播风险因素

A	B 风险因素	C 子风险因素
A 猪瘟、猪繁殖与呼吸障碍综合征传播风险因素	B_1 疫情和病原	C_1 本市（区、场）疫情情况
		C_2 周边省份与其他省份疫情情况
		C_3 相邻国家（地区）与其他国家（地区）疫情情况
		C_4 病毒血清型、变异性和毒力
	B_2 免疫和监测	C_5 免疫密度
		C_6 抗体合格率
		C_7 监测方式和监测频率
	B_3 饲养管理因素	C_8 养殖密度
		C_9 规模化程度
		C_{10} 养殖者防控意识
		C_{11} 动物粪便处理方式
	B_4 猪群健康状况	C_{12} 种猪群带毒率
		C_{13} 猪群感染率
		C_{14} 其他疫病感染率
	B_5 动物调运	C_{15} 动物调运的规模、数量与频密程度
		C_{16} 动物调运的检疫力度
		C_{17} 动物调运工具的卫生状况与消毒情况
	B_6 地理气候因素	C_{18} 日照时间
		C_{19} 气温
		C_{20} 地理因素
		C_{21} 途经运输车辆

②构造判断矩阵。层次结构模型确定了上、下层元素间的隶属关系。对于同层各元素，以相邻上层有联系的元素为准，分别两两比较，在咨询有关专家的基础上判断其相对重要或优劣程度，构造判断矩阵。A-B 判断矩阵记为 $A=(B_{ij})_{n\times n}$，Bi-C 有六个判断矩阵，分别记为 $B=(C_{ij})_{n\times n}$。衡量相对重要程度的差别可使用 1～9 比例标度法，判断指标间风险程度的衡量尺度如表 5-4 所示。

③层次单排序及其一致性检验。根据矩阵特征值有关定理可知，上述构造的各正互反判断矩阵存在正的特征值及其对应的正的特征向量，其最大特征值对应的特征向量归一化后，便为该层次相应元素对于上一层次某一元素的相对重要性权重，这一过程称为层次单排序。用和积法计算出单一目标 B_k 的下层目标 C_1，C_2，C_3，…，C_n 的单权重向量为：$W=(W_1, W_2, W_3, \cdots, W_n)$，所求的特征向量亦即重要性系数。而最大特征根为 $\lambda_{max}=$

$\sum_{i=1}^{n}\frac{(BW)_i}{nW_i}$，根据判断矩阵的一致性检验方法，一致性指标为 $CI=\frac{\lambda_{max}-n}{n-1}$，$n$ 为判断矩阵的阶数，CI 越小，则说明一致性越大。由于一致偏离可由随机因素引起，因此在检验判断矩阵的一致性时，将 CI 与平均随机一致性指标 RI（RI 值由表 5－5 给出）进行比较，得出检验数 $CR=\frac{CI}{RI}$。若 $CR<0.10$，则说明判断矩阵一致性满足要求，即判断结果是可靠的；否则，应对判断矩阵的标度做出适当的修正。

a. 一级指标的确定及一致性检验。将矩阵的数据经过 Excel 分析处理后，可得最大特征根 $\lambda_{max}=6.456\,4$，根据一致性检验公式 $CR=CI/RI$ 和随机一致性指标数值，得出 $CR=0.073\,6$。

疫情和病原、免疫和监测、饲养管理因素、猪群健康状况、动物调运、地理气候因素权重分别为 0.295、0.276、0.162、0.125、0.089、0.054。具体见表 5－17。

b. 二级指标的确定及一致性检验。依据上述方法求出疫情和病原、免疫和监测、饲养管理因素、猪群健康状况、动物调运、地理气候因素分准则层的权重向量分别为：

$WB_1=$（0.558，0.122，0.057，0.263）　$CI=0.039$　$RI=0.9$　$CR=0.043\,3$

$WB_2=$（0.429，0.429，0.143）　$CI=0$　$RI=0.58$　$CR=0$

$WB_3=$（0.303，0.429，0.170，0.098）　$CI=0.073$　$RI=0.9$　$CR=0.081\,1$

$WB_4=$（0.400，0.400，0.200）　$CI=0$　$RI=0.58$　$CR=0$

$WB_5=$（0.525，0.334，0.142）　$CI=0.027$　$RI=0.58$　$CR=0.046\,6$

$WB_6=$（0.333，0.333，0.167，0.167）　$CI=0$　$RI=0.9$　$CR=0$

④层次总排序及其一致性检验。总排序即基于层次单排序的结果计算同一层次所有元素对高层目标层的相对重要性的权值。这一过程是从最高层次到最低层次逐层进行的，其结果也要进行总的一致性检验。对 A-B-C 矩阵进行总排序，最终权重 R_i 为 A-B 矩阵和 B_i-C 矩阵之积（具体见表 5－17）。

C 层次某些元素对于 B_j 单排序的一致性指标为 CI_j，相应的平均随机一致性指标为 RI_j，则层次总排序随机一致性比率为：

$$CR=\frac{\sum_{1}^{m}a_jCI_j}{\sum_{1}^{m}a_jRI_j}=0.034\,64$$

当 $CR<0.1$ 时，认为层次总排序结果具有满意的一致性，否则需要重新调整判断矩

阵元素的取值。

表 5-17　猪瘟、猪繁殖与呼吸障碍综合征风险指标权重

	一级指标	一级指标相对权重	二级指标	二级指标相对权重	绝对权重
猪瘟、猪繁殖与呼吸障碍综合征风险指标相对权重与绝对权重	疫情和病原	0.295	本市（区、场）疫情情况	0.558	0.165
			周边省份与其他省份疫情情况	0.122	0.036
			相邻国家（地区）与其他国家（地区）疫情情况	0.057	0.017
			病毒血清型、变异性和毒力	0.263	0.078
	免疫和监测	0.276	免疫密度	0.429	0.118
			抗体合格率	0.429	0.118
			监测方式和监测频率	0.143	0.039
	饲养管理因素	0.162	养殖密度	0.303	0.049
			规模化程度	0.429	0.070
			养殖者防控意识	0.170	0.028
			动物粪便处理方式	0.098	0.016
	猪群健康状况	0.125	种猪群带毒率	0.400	0.050
			猪群感染率	0.400	0.050
			其他疫病感染率	0.200	0.025
	动物调运	0.089	动物调运的规模、数量与频密程度	0.525	0.047
			动物调运的检疫力度	0.334	0.030
			动物调运工具的卫生状况与消毒情况	0.142	0.013
	地理气候因素	0.054	日照时间	0.333	0.018
			气温	0.333	0.018
			地理因素	0.167	0.009
			途经运输车辆	0.167	0.009

（2）综合评分方法　动物疫病风险评估的本质是一个定量分析的过程，即用数字去反映可能发生动物疫病的概率，因此需要对风险指标进行分级量化，分为高风险、较高风险、中度风险、低风险和极低风险 5 个风险等级，每级分别赋值为 1、0.7、0.4、0.2、0（具体见表 5-18）。

表 5-18　猪瘟、猪繁殖与呼吸障碍综合征评价指标赋值标准

评价指标	赋值				
	1	0.7	0.4	0.2	0
本市（区、场）疫情情况	1～2 年内本市（区、场）本季度发生过疫情	1～2 年内本市（区、场）其他季度发生过疫情	3～5 年内本市（区、场）发生过疫情	5 年以上本（区、场）市发生过疫情	本市（区、场）未发生过疫情

（续）

评价指标	赋值				
	1	0.7	0.4	0.2	0
周边省份与其他省份疫情情况	周边省份1～2年内本季度发生过疫情	周边省份1～2年内其他季度发生过疫情	其他省份1～2年内本季度发生过疫情	其他省份1～2年内发生过疫情	周边省份与其他省份未发生过疫情
相邻国家（地区）与其他国家（地区）疫情情况	相邻国家1～2年内本季度发生过疫情	相邻国家1～2年内其他季度发生过疫情	其他国家1～2年内本季度发生过疫情	其他国家1～2年内发生过疫情	相邻国家与其他国家未发生过疫情
病毒血清型、变异性和毒力	有不同的血清型，或毒株易变异，或不同毒株之间毒力不同				只有一个血清型，且毒株不易变异，且不同毒株毒力相同
免疫密度	免疫率≤20%	20%＜免疫率≤60%	60%＜免疫率≤80%	80%＜免疫率≤95%	95%＜免疫率≤100%
抗体合格率	抗体合格率≤50%	50%＜抗体合格率≤70%	70%＜抗体合格率≤80%	80%＜抗体合格率≤90%	抗体合格率≥90%
监测方式和监测频率	无病原学和抗体监测方法	一年监测一次病原和抗体	半年监测一次病原和抗体	一季度监测一次病原和抗体	每月监测一次病原和抗体
养殖密度	养殖密度＞14.4头/km²	10.8头/km²＜养殖密度≤14.4头/km²	7.2头/km²＜养殖密度≤10.8头/km²	3.6头/km²＜养殖密度≤7.2头/km²	养殖密度≤3.6头/km²
规模化程度	以养殖小区为主	以散养为主	规模化养殖程度一般	规模化养殖程度高	规模化养殖程度较高
养殖者防控意识	防控意识极差	防控意识较差	防控意识差	防控意识好	防控意识较好
动物粪便处理方式	清理粪便间隔时间较长	不定期清理粪便	定期清理粪便	及时清理粪便	无害化处理
种猪群带毒率	15%＜上季度种猪群带毒率≤20%	10%＜种猪群带毒率≤15%	5%＜种猪群带毒率≤10%	0＜种猪群带毒率≤5%	种猪群零带毒率（0）
猪群感染率	15%＜上季度猪群感染率≤20%	10%＜猪群平均感染率≤15%	5%＜猪群平均感染率≤10%	0＜猪群平均感染率≤5%	猪群不存在感染（0）
其他疫病感染率	15%＜其他疫病感染率≤20%	10%＜其他疫病感染率≤15%	5%＜其他疫病感染率≤10%	0＜其他疫病感染率≤5%	猪群不存在感染（0）
动物调运的规模、数量与频密程度	调入量大且频次多	调入量小，但频次多	调入量大，但频次少	调入量小且频次少	无活猪调入
动物调运的检疫力度	无检疫环节	检疫程度较低，漏检数量较多	检疫程度低，漏检数量多	较好的检疫程度，但有漏检现象	严格的检疫环节，严禁病禽进入流通市场

（续）

评价指标	赋值				
	1	0.7	0.4	0.2	0
动物调运工具的卫生状况与消毒情况	卫生极差且不消毒	卫生差，偶尔消毒	卫生状况一般且按规定消毒	卫生状况较好且按规定消毒	极好且按规定消毒
日照时间	短	较短	中等	较长	长
气温	6℃≤气温<16℃	－6℃≤气温<6℃	16℃≤气温<25℃	25℃≤气温<30℃	气温≥30℃
地理因素	天然屏障很少	天然屏障较少	天然屏障少	天然屏障多	天然屏障较多
途经运输车辆	途经运输车辆很多	途经运输车辆较多	途经运输车辆多	途经运输车辆少	途经运输车辆较少

多指标综合评价法，是将多个内容、量纲、评价方法和评价标准均不统一的指标进行标准化处理，使各指标的评价结果或得分值具有可比性，再通过一定的数学模型或算法将多个评估指标值计算为一个整体性的综合评估值。将每个指标的标准分值与其权重进行加权平均，就得到风险评价的总分值，综合评价函数为：

$$Y=\sum_{i=1}^{n}R_iX_i$$

式中，Y 为猪瘟、猪繁殖与呼吸障碍综合征发生风险的概率，Xi 为子风险因素赋值结果，Ri 为子风险指标的绝对权值，n 为子风险因素的数量。

（3）风险等级。通过专家会议，按概率划分出五个风险等级 1～0.8、0.8～0.6、0.6～0.4、0.4～0.2 和 0.2～0，分别为高风险、较高风险、中度风险、低风险和极低风险 5 个风险等级（表 5－19）。

表 5－19　猪瘟、猪繁殖与呼吸障碍综合征风险指标等级

风险等级	高风险	较高风险	中度风险	低风险	极低风险
风险概率	1～0.8	0.8～0.6	0.6～0.4	0.4～0.2	0.2～0
风险描述	几乎是肯定会发生	可能会经常发生	可能会定期发生	发生可能性小	极少发生

（4）评估模型的应用范围　该模型可用于市、区、场的猪瘟、猪繁殖与呼吸障碍综合征发生风险的评估。

（5）案例分析　应用此模型评估 2023 年某市某区某场第一季度猪瘟发生风险。赋值标准见表 5－18。

该区猪瘟风险概率为 0.411 8，风险等级为中度风险，可能会定期发生。具体评估结果见表 5 - 20。

表 5 - 20　某市某区某场第一季度猪瘟风险概率

子风险指标	绝对权重（R）	赋值（X）	$R*X$
本场疫情情况	0.165	0	0
周边省份与其他省份疫情情况	0.036	1	0.036
相邻国家（地区）与其他国家（地区）疫情情况	0.017	1	0.017
病毒血清型、变异性和毒力	0.078	1	0.078
免疫密度	0.118	0.2	0.023 6
抗体合格率	0.118	0.4	0.047 2
监测方式和监测频率	0.039	0.4	0.015 6
养殖密度	0.049	0.4	0.019 6
规模化程度	0.07	0.4	0.028
养殖者防控意识	0.028	0.4	0.011 2
动物粪便处理方式	0.016	0.7	0.011 2
种猪群带毒率	0.05	0.4	0.02
猪群感染率	0.05	0.4	0.02
其他疫病感染率	0.025	0.7	0.017 5
动物调运的规模、数量与频密程度	0.047	0.4	0.018 8
动物调运的检疫力度	0.03	0.4	0.012
动物调运工具的卫生状况与消毒情况	0.013	0.7	0.009 1
日照时间	0.018	0.7	0.012 6
气温	0.018	0.4	0.007 2
地理因素	0.009	0.4	0.003 6
途经运输车辆	0.009	0.4	0.003 6
风险概率值（Y）			0.411 8

第四节　模糊层次分析法

模糊层次分析法（FAHP）是一种基于模糊数学理论的决策分析方法。它结合了层次分析法和模糊评价法，可以帮助决策者在不确定性和主观性较大的情况下进行决策。

模糊层次分析法的基本思想是根据多目标评价问题的性质和总目标，将问题分解为不同的组成因素，并按照因素间的相互关联影响以及隶属关系将因素按不同层次聚集组合，形成一个多层次的分析结构模型，从而把最低层（方案层或措施层）相对于最高层（总目标）的相对重要性进行权值或相对优劣次序的排定。

模糊层次分析法的特点是能够将人的主观判断过程数学化、思维化，以便使决策依据易于被人接受，因此更能适合复杂的社会、科学领域的情况。同时，它改进了传统层次分析法存在的问题，提高了决策可靠性。

模糊层次分析法的优势主要表现在以下三个方面：一是使用该方法计算出的权重数据较为真实，它主要是通过对各层级风险因素之间的相对重要性进行权衡，并做出相应的评分，有效避免了其他风险评价方法的单一性问题；二是它得出的权值分数较为合理，能够丰富决策依据；三是通过模糊综合评价法计算得到的评价结果，可以直接对企业的整体风险、关键风险点以及需要采取的控制措施做出判断。

一、模糊层次分析法原理

模糊层次分析法是一种用于多标准决策的数学方法。它结合了模糊逻辑和层次分析法的思想，能够处理模糊性和不确定性的问题。FAHP 在工程管理、经济决策、环境评估等领域具有广泛的应用。

FAHP 的核心思想是将问题分解为多个层次，并对每个层次的因素进行比较和权重分配。在 FAHP 中，通过模糊数来表示专家的判断和评价，并利用模糊数之间的运算进行计算。模糊数是由一个值和一个隶属度函数组成的，可以用来表示各种可能性和不确定性。

二、模糊层次分析法的步骤

模糊层次分析法的步骤与 AHP 的步骤基本相同，但是它需要建立模糊一致判断矩阵并据此求权重。这种方法能够更系统、全面地对研究对象做出客观评价。

模糊层次分析法的应用步骤，通常需要分层次分析和模糊综合评价两个部分来展开，具体如下：首先根据方案的评价目标，建立层次结构模型；然后根据专家打分，构建判断矩阵，并计算每一级要素的特征向量；最后对特征向量进行一致性检验，若满足一致性要求，可将特征向量作为该因素相对于评价目标的权重向量。在此基础上，利用模糊综合判断公式进行计算，依据结果对方案进行优选。

模糊综合评判的数学模型可分为一级模型和多级模型，采用一级模糊进行综合评判的步骤为：

（1）建立评判对象因素集 $U=(u_1, u_2, \cdots, u_n)$。因素就是对象的各种属性或性能，在不同场合，也称为参数指标或质量指标，它们能综合地反映出对象的质量，因而可通过这些因素来评价对象。

（2）建立评判集 $V=(v_1, v_2, \cdots, v_n)$。评判集 V 代表评价的结果集合，其中 v_n 表示第 n 个评价结果。

（3）单因素评判时，首先应建立单因素评判矩阵 R：

$$R=\begin{bmatrix} r_{11} & r_{12} & \cdots & r_{1n} \\ r_{21} & r_{22} & \cdots & r_{2n} \\ \cdots & \cdots & \cdots & \cdots \\ r_{n1} & r_{n2} & \cdots & r_{mn} \end{bmatrix} \tag{1}$$

于是 (U, V, R) 构成了一个综合评判模型。

（4）综合评判。由于对 U 中各个因素有不同的侧重，需要对每个因素赋予不同的权重，它可表示为 U 上的一个模糊子集 $A=(a_1, a_2, \cdots, a_m)$，$0<a_i<1$，$i=1, 2, \cdots, m$，且 $\sum_1^m a_i=1$。

在 R 与 A 求出之后，则综合评判模型为 $B=A\circ R$。记 $B=(b_1, b_2, \cdots, b_n)$，它是 V 上的一个模糊子集，若结果 $\sum_1^m b_j \neq 1$，就对其进行归一化处理。

从上述模糊综合评判步骤可以看出，建立单因素评判矩阵 R 和确定权重分配 A 是两项重要工作，可分别通过统计实验或专家评分进行。

三、模糊层次分析法应用

（一）口蹄疫风险评估

1. 口蹄疫概述

口蹄疫（FMD）是由口蹄疫病毒（FMDV）引起的以偶蹄动物为主的急性、高度传染性疫病，主要侵害偶蹄兽，偶见于人和其他动物。其临诊特征为口腔黏膜、蹄部和乳房皮肤发生水疱。世界动物卫生组织将其列为必须报告的动物传染病，我国将其列为一类动物疫病。

口蹄疫病毒属于微核糖核酸病毒科口蹄疫病毒属。已知口蹄疫病毒在全世界有 7 个主型，分别为 A 型、O 型、C 型、南非 1 型、南非 2 型、南非 3 型和亚洲 1 型，以及 65 个以上亚型。该病毒易发生变异。该病毒对外界环境的抵抗力很强，在冰冻情况下，血液及粪便中的病毒可存活120～170d。阳光直射下60min即可杀死；加热85℃ 15min、煮沸3min即可死亡。对酸碱的作用敏感，故1%～2%氢氧化钠溶液、30%热草木灰溶液、1%～2%甲醛溶液等都是良好的消毒液。

牛尤其是犊牛对口蹄疫病毒最易感，骆驼、绵羊、山羊次之，猪也可感染发病。本病具有流行快、传播广、发病急、危害大等流行病学特点，疫区发病率可达50%～100%，犊牛死亡率较高，其他则较低。病畜和潜伏期动物是最危险的传染源。病畜的水疱液、乳汁、尿液、口涎、泪液和粪便中均含有病毒。该病入侵途径主要是消化道，也可经呼吸道传染。本病传播虽无明显的季节性，但春秋两季较多，尤其是春季。

2. 口蹄疫风险评估模型

（1）风险评估指标的确定　根据确定风险因素的基本原则，以及口蹄疫的传播机制和流行病学特点，搜集、整理相关的流行病学资料，邀请专家，经分析论证确定口蹄疫发生的风险因素，包括5个方面的风险因素（B_1～B_5），18个子风险因素（C_1～C_{18}），具体见表5-21。

表5-21　口蹄疫传播风险因素

	B风险因素	C子风险因素
A口蹄疫传播风险因素	B_1 疫情和病原	C_1 本市（区、场）以前疫情情况
		C_2 周边省份与其他省份疫情情况
		C_3 相邻国家（地区）与其他国家（地区）疫情情况
		C_4 病毒血清型、变异性和毒力
	B_2 免疫和监测	C_5 免疫密度
		C_6 抗体合格率
		C_7 监测方式与频率
	B_3 饲养管理因素	C_8 养殖密度
		C_9 规模化程度
		C_{10} 养殖者防控意识
		C_{11} 粪便处理方式
	B_4 动物流通	C_{12} 动物流通的规模、数量与频密程度
		C_{13} 动物流通市场的检疫力度
		C_{14} 动物流通工具的卫生状况与消毒情况
	B_5 地理气候因素	C_{15} 日照时间
		C_{16} 气温
		C_{17} 地理因素
		C_{18} 途经运输车辆

（2）确定各风险评估指标的权重　运用层次分析法计算被比较指标的相对权重和绝对

权重，并做一致性检验。

1）建立层次结构模型　根据确立的口蹄疫传播风险因素和层次分析法的建模要求，把口蹄疫传播风险评估作为 A 层，风险因素作为 B 层，子风险因素作为 C 层，B 层与 C 层为不完全层次关系，其他层为完全层次关系，建立相应的评估模型。具体见表 5-21。

2）构造判断矩阵　层次结构模型确定了上、下层元素间的隶属关系。对于同层各元素，以相邻上层有联系的元素为准，分别两两比较，在咨询有关专家的基础上判断其相对重要或优劣程度，构造判断矩阵。A-B 判断矩阵记为 $A=(B_{ij})_{n\times n}$，Bi-C 有五个判断矩阵，分别记为 $B=(C_{ij})_{n\times n}$。衡量相对重要程度的差别可使用 1～9 比例标度法，判断指标间风险程度的衡量尺度如表 5-4 所示。

3）层次单排序及其一致性检验　根据矩阵特征值有关定理可知，上述构造的各正互反判断矩阵存在正的特征值及其对应的正的特征向量，其最大特征值对应的特征向量归一化后，便为该层次相应元素对于上一层次某一元素的相对重要性权重，这一过程称为层次单排序。用和积法计算出单一目标 B_k 的下层目标 C_1，C_2，C_3，…，C_n 的单权重向量为 $W=(W_1, W_2, W_3, \cdots, W_n)$，所求的特征向量亦即重要性系数。而最大特征根为 $\lambda_{\max}=\sum_{i=1}^{n}\frac{(BW)_i}{nW_i}$，根据判断矩阵的一致性检验方法，一致性指标为 $CI=\frac{\lambda_{\max}-n}{n-1}$，$n$ 为判断矩阵的阶数，CI 越小，则说明一致性越大。由于一致偏离可由随机因素引起，因此在检验判断矩阵的一致性时，将 CI 与平均随机一致性指标 RI（RI 值由表 5-5 给出）进行比较，得出检验数 $CR=\frac{CI}{RI}$。若 $CR<0.10$，则说明判断矩阵一致性满足要求，即判断结果是可靠的；否则，应对判断矩阵的标度做出适当的修正。

①一级指标的确定及一致性检验。将矩阵的数据经过 Excel 分析处理后，可得最大特征根 $\lambda_{\max}=4.815$，根据一致性检验公式 $CR=CI/RI$ 和随机一致性指标数值，得出 $CR=0.041$。

疫情和病原、免疫和监测、饲养管理因素、动物调运、地理气候因素权重分别为 0.365、0.315、0.151、0.105、0.064。具体见表 5-22。

②二级指标的确定及一致性检验。依据上述方法求出疫情和病原、免疫和监测、饲养管理因素、动物调运、地理气候因素分准则层的权重向量分别为：

$WB_1=(0.558, 0.122, 0.057, 0.263)$　$CI=0.039$　$RI=0.9$　$CR=0.0433$

$WB_2=(0.429, 0.429, 0.143)$　　$CI=0$　　$RI=0.58$　　$CR=0$

$WB_3=(0.303, 0.429, 0.170, 0.098)$　　$CI=0.073$　　$RI=0.9$　　$CR=0.0811$

$WB_4=(0.525, 0.334, 0.142)$　　$CI=0.027$　　$RI=0.58$　　$CR=0.0466$

$WB_5=(0.333, 0.333, 0.167, 0.167)$　　$CI=0$　　$RI=0.9$　　$CR=0$

CR 均小于 0.1，说明所有的判断矩阵满足一致性检验。

4）层次总排序及其一致性检验　总排序即基于层次单排序的结果计算同一层次所有元素对高层目标层的相对重要性的权值。这一过程是从最高层次到最低层次逐层进行的，其结果也要进行总的一致性检验。对 A-B-C 矩阵进行总排序，最终权重 R_i 为 A-B 矩阵和 B_i-C 矩阵之积（具体见表 5－22）。

C 层次某些元素对于 B_j 单排序的一致性指标为 CI_j，相应的平均随机一致性指标为 RI_j，则层次总排序随机一致性比率为：

$$CR=\frac{\sum_1^m a_j CI_j}{\sum_1^m a_j RI_j}=0.0367$$

当 $CR<0.1$ 时，认为层次总排序结果具有满意的一致性，否则需要重新调整判断矩阵元素的取值。

表 5－22　口蹄疫风险指标权重

	一级指标	一级指标相对权重	二级指标	二级指标相对权重	绝对权重	排序
口蹄疫风险指标相对权重与绝对权重	疫情和病原	0.365	本市（区、场）疫情情况	0.558	0.204	1
			周边省份与其他省份疫情情况	0.122	0.044	9
			相邻国家（地区）与其他国家（地区）疫情情况	0.057	0.021	12
			病毒血清型、变异性和毒力	0.263	0.096	4
	免疫和监测	0.315	免疫密度	0.429	0.135	2
			抗体合格率	0.429	0.135	2
			监测方式与频率	0.143	0.045	8
	饲养管理因素	0.151	养殖密度	0.303	0.046	7
			规模化程度	0.429	0.065	5
			养殖者防控意识	0.170	0.026	11
			动物粪便处理方式	0.098	0.015	15
	动物调运	0.105	动物调运的规模、数量与频密程度	0.525	0.055	6
			动物调运的检疫力度	0.334	0.035	10
			动物调运环境控制	0.142	0.015	15

（续）

	一级指标	一级指标相对权重	二级指标	二级指标相对权重	绝对权重	排序
口蹄疫风险指标相对权重与绝对权重	地理气候因素	0.064	日照时间	0.333	0.021	12
			气温	0.333	0.021	12
			地理因素	0.167	0.011	17
			途经运输车辆	0.167	0.011	17

（3）构建模糊判断矩阵　采用常见风险等级评定方式，将风险水平分为五个层次，其等级和分值见表 5-23 所示。

表 5-23　风险等级及相应的风险水平

风险等级	极高风险	高风险	中度风险	低风险	极低风险
分值	1～0.8	0.8～0.6	0.6～0.4	0.4～0.2	0.2～0
平均分值	0.9	0.7	0.5	0.3	0.1

确立的口蹄疫传入各风险因素的层次及各层次的权重见表 5-22。

对传入各风险因素设立调查问卷，并由 5 名专家及 15 名疫控机构人员针对不同的风险因素作答，其答案组成不同的单因素判断矩阵。现以某市某区为例，对调查问卷进行归纳，构建如下疫病传入各风险因素的模糊综合评判矩阵。

对于疫情和病原方面，据调查所得评判矩阵为：

$$R_1=\begin{pmatrix}0.05 & 0.15 & 0.50 & 0.30 & 0.00\\ 0.05 & 0.60 & 0.20 & 0.15 & 0.00\\ 0.00 & 0.15 & 0.50 & 0.15 & 0.20\\ 0.15 & 0.70 & 0.10 & 0.05 & 0.00\end{pmatrix}$$

对于免疫和监测方面，据调查所得评判矩阵为：

$$R_2=\begin{pmatrix}0.00 & 0.10 & 0.20 & 0.20 & 0.50\\ 0.05 & 0.40 & 0.20 & 0.20 & 0.15\\ 0.05 & 0.20 & 0.20 & 0.40 & 0.15\end{pmatrix}$$

对于饲养管理因素方面，据调查所得评判矩阵为：

$$R_3=\begin{pmatrix}0.05 & 0.05 & 0.10 & 0.50 & 0.30\\ 0.05 & 0.20 & 0.30 & 0.40 & 0.05\\ 0.10 & 0.45 & 0.20 & 0.20 & 0.05\\ 0.10 & 0.20 & 0.60 & 0.05 & 0.05\end{pmatrix}$$

对于动物调运方面，据调查所得评判矩阵为：

$$R_4=\begin{pmatrix}0.10 & 0.60 & 0.20 & 0.05 & 0.05\\ 0.05 & 0.55 & 0.20 & 0.10 & 0.10\\ 0.05 & 0.10 & 0.45 & 0.30 & 0.10\end{pmatrix}$$

对于地理气候因素方面，据调查所得评判矩阵为：

$$R_5=\begin{pmatrix}0.05 & 0.55 & 0.20 & 0.10 & 0.10\\ 0.10 & 0.60 & 0.15 & 0.10 & 0.05\\ 0.05 & 0.20 & 0.50 & 0.20 & 0.05\\ 0.15 & 0.10 & 0.40 & 0.20 & 0.15\end{pmatrix}$$

据上述模糊综合评判数学模型，分别对该区的疫情和病原、免疫和监测、饲养管理因素、动物调运、地理气候因素进行模糊综合评判：

疫情和病原权重集为 $A_1=(0.558，0.122，0.057，0.263)$，得

$$B_1=A_1\circ R_1=(0.558，0.122，0.057，0.263)\circ\begin{pmatrix}0.05 & 0.15 & 0.50 & 0.30 & 0.00\\ 0.05 & 0.60 & 0.20 & 0.15 & 0.00\\ 0.00 & 0.15 & 0.50 & 0.15 & 0.20\\ 0.15 & 0.70 & 0.10 & 0.05 & 0.00\end{pmatrix}$$

$=(0.15，0.263，0.5，0.3，0.057)$，将其进行归一化处理可得：

$(0.118，0.207，0.394，0.236，0.045)$

免疫和监测权重集为 $A_2=(0.429，0.429，0.143)$ 得

$$B_2=A_2\circ R_2=(0.429，0.429，0.143)\circ\begin{pmatrix}0.00 & 0.10 & 0.20 & 0.20 & 0.50\\ 0.05 & 0.40 & 0.20 & 0.20 & 0.15\\ 0.05 & 0.20 & 0.20 & 0.40 & 0.15\end{pmatrix}$$

$=(0.05，0.4，0.2，0.2，0.429)$，将其进行归一化处理可得：

$(0.039，0.313，0.156，0.156，0.335)$

饲养管理因素权重集为A_3＝（0.303，0.429，0.170，0.098），得

$$B_3=A_3\circ R_3=(0.303,\ 0.429,\ 0.170,\ 0.098)\circ\begin{bmatrix}0.05 & 0.05 & 0.10 & 0.50 & 0.30\\0.05 & 0.20 & 0.30 & 0.40 & 0.05\\0.10 & 0.45 & 0.20 & 0.20 & 0.05\\0.10 & 0.20 & 0.60 & 0.05 & 0.05\end{bmatrix}$$

＝（0.1，0.2，0.3，0.4，0.3），将其进行归一化处理可得：

（0.077，0.154，0.231，0.308，0.231）

动物调运权重集为A_4＝（0.525，0.334，0.142），得

$$B_4=A_4\circ R_4=(0.525,\ 0.334,\ 0.142)\circ\begin{bmatrix}0.10 & 0.60 & 0.20 & 0.05 & 0.05\\0.05 & 0.55 & 0.20 & 0.10 & 0.10\\0.05 & 0.10 & 0.45 & 0.30 & 0.10\end{bmatrix}$$

＝（0.1，0.525，0.2，0.142，0.1），将其进行归一化处理可得：
（0.094，0.492，0.187，0.133，0.094）

地理气候因素权重集为A_5＝（0.333，0.333，0.167，0.167），得

$$B_5=A_5\circ R_5=(0.333,\ 0.333,\ 0.167,\ 0.167)\circ\begin{bmatrix}0.05 & 0.55 & 0.20 & 0.10 & 0.10\\0.10 & 0.60 & 0.15 & 0.10 & 0.05\\0.05 & 0.20 & 0.50 & 0.20 & 0.05\\0.15 & 0.10 & 0.40 & 0.20 & 0.15\end{bmatrix}$$

＝（0.150，0.333，0.200，0.167，0.150）

将各因素的总体判断组成判断矩阵R，即

$$R=\begin{bmatrix}0.118 & 0.207 & 0.394 & 0.236 & 0.045\\0.039 & 0.313 & 0.156 & 0.156 & 0.335\\0.077 & 0.154 & 0.231 & 0.308 & 0.231\\0.094 & 0.492 & 0.187 & 0.133 & 0.094\\0.150 & 0.333 & 0.200 & 0.167 & 0.150\end{bmatrix}$$

将它与疫情和病原、免疫和监测、饲养管理因素、动物调运、地理气候因素各因素在总体中所占权重所组成的权重集A＝（0.365，0.315，0.151，0.105，0.064）合成得：

$$B=A\circ R=(0.365,\ 0.315,\ 0.151,\ 0.105,\ 0.064)\circ\begin{bmatrix}0.118 & 0.207 & 0.394 & 0.236 & 0.045\\0.039 & 0.313 & 0.156 & 0.156 & 0.335\\0.077 & 0.154 & 0.231 & 0.308 & 0.231\\0.094 & 0.492 & 0.187 & 0.133 & 0.094\\0.150 & 0.333 & 0.200 & 0.167 & 0.150\end{bmatrix}$$

= (0.118，0.313，0.365，0.236，0.315)，将其进行归一化处理可得：

(0.088，0.232，0.271，0.175，0.234)

$S=B\cdot C=$ (0.088，0.232，0.271，0.175，0.234)(0.9，0.7，0.5，0.3，0.1) =0.453

该区口蹄疫分值为0.453，风险等级为中度风险。

(二) 家畜布鲁氏菌病风险评估

1. 家畜布鲁氏菌病概述

布鲁氏菌病也称布氏杆菌病，简称布病，是由布鲁氏菌引起的以家畜为主的多种动物互为传染源的一种严重的急性或慢性人畜共患传染病，于1860年发现于地中海的马耳他岛，故又称为马耳他热、地中海热。布鲁氏菌病是重要人畜共患病。我国将其列为二类动物疫病，在大动物传染病中是仅次于口蹄疫且具有重要政治、经济影响力的传染病。

布鲁氏菌是一种革兰氏阴性菌，呈淡淡的粉色，如细沙状，但不易着色。该菌细胞内寄生，具有较强的侵袭力和扩散力，其中羊种、牛种和猪种布鲁氏菌的毒力和致病力较强，并对外界不良环境具有一定的抵抗力。在自然条件下，布鲁氏菌病的易感动物范围很广，目前已知世界上有200多种动物是布鲁氏菌的宿主，其中主要是羊、牛、猪、马等家畜，以及人。羊种布鲁氏菌对绵羊、山羊、牛、鹿和人的致病性较强；牛种布鲁氏菌不仅能感染牛，而且对猫、鹿、骆驼、马及人均能引起感染；猪种布鲁氏菌除感染猪外，对牛、马、羊及鹿等也具有感染性。本病的主要传染源是发病及带菌的羊、牛、猪。布鲁氏菌的传播途径较多，不仅能通过呼吸道黏膜、消化道黏膜、生殖系统黏膜和眼结膜入侵机体，还能通过皮肤接触进入机体。另外，吸血昆虫传播也是布鲁氏菌病传播的有效方式。人接触或食入被感染的动物及其分泌物或体液，如接触动物尸体、污染的肉或奶而引起布鲁氏菌感染。本病一年四季都可以发生，但以产仔季节较为明显。尤其是羊种布鲁氏菌病流行季节性更为明显，一般晚冬和早春开始发生，夏季进入发病高峰期，秋季以后发病率逐渐下降。

布鲁氏菌病在我国20世纪80年代曾得到有效控制。近年来随着我国家畜饲养量不断增多，家畜及其产品的流通日益频繁，布鲁菌病的发生在畜间和人间都出现增长趋势，不仅严重影响畜牧业生产并已严重威胁人类健康和食品安全，如何科学防控、有效遏制布鲁菌病疫情上升态势，越来越引起兽医工作者的重视。

2. 家畜布鲁氏菌病风险评估模型

（1）风险评估指标的确定　根据确定风险因素的基本原则，搜集、整理相关的流行病学资料，邀请相关专家，经分析论证确定家畜布鲁氏菌病发生的风险因素，包括5个方面的风险因素（B_1～B_5），17个子风险因素（C_1～C_{17}），具体见表5-24。

表5-24　家畜布鲁氏菌病传播风险因素

A	B风险因素	C子风险因素
A家畜布鲁氏菌病传播风险因素	B_1 疫情情况	C_1 本地区（场）以前疫情情况
		C_2 周边场疫情情况
		C_3 周边省份与其他省份疫情情况
		C_4 相邻国家（地区）与其他国家（地区）疫情情况
	B_2 免疫和监测情况	C_5 免疫密度
		C_6 抗体转阳率
		C_7 监测方式与频率
	B_3 防疫情况	C_8 防疫制度与执行情况
		C_9 兽医技术人员配备情况
		C_{10} 养殖者防控意识
	B_4 饲养管理因素	C_{11} 养殖密度
		C_{12} 规模化程度
		C_{13} 饲养管理与管理方式
		C_{14} 污水与粪便处理方式
	B_5 动物调运情况	C_{15} 动物调运的规模、数量与频密程度
		C_{16} 动物调运的检疫力度
		C_{17} 动物调运工具的卫生状况与消毒情况

（2）确定各风险评估指标的权重　运用层次分析法计算被比较指标的相对权重和绝对权重，并做一致性检验。

1）一级指标的确定及一致性检验　将矩阵的数据经过Excel分析处理后，可得最大特征根$\lambda_{max}=4.804$，根据一致性检验公式$CR=CI/RI$和随机一致性指标数值，得出

CR＝0.043 8。

疫情情况、免疫和监测情况、防疫情况、饲养管理因素、动物调运情况权重分别为0.354、0.221、0.193、0.157、0.075。具体见表5－25。

表5－25　家畜布鲁氏菌病风险指标权重

	一级指标	一级权重	二级指标	二级权重	组合权重
家畜布鲁氏菌病权重与组合权重	疫情情况	0.354	本地区（场）以前疫情情况	0.460	0.163
			周边场疫情情况	0.272	0.096
			周边省份与其他省份疫情情况	0.180	0.064
			相邻国家（地区）与其他国家（地区）疫情情况	0.088	0.031
	免疫和监测情况	0.221	免疫密度	0.525	0.116
			抗体转阳率	0.334	0.074
			监测方式与频率	0.142	0.031
	防疫情况	0.193	防疫制度与执行情况	0.539	0.104
			兽医技术人员配备情况	0.297	0.057
			养殖者防控意识	0.164	0.032
	饲养管理因素	0.157	养殖密度	0.107	0.017
			规模化程度	0.238	0.037
			饲养管理与管理方式	0.442	0.069
			污水与粪便处理方式	0.213	0.033
	动物调运情况	0.075	动物调运的规模、数量与频密程度	0.334	0.025
			动物调运的检疫力度	0.525	0.039
			动物调运工具的卫生状况与消毒情况	0.142	0.011

2）二级指标的确定及一致性检验　依据上述方法求出疫情情况、免疫和监测情况、防疫情况、饲养管理因素、动物调运情况分准则层的权重向量分别为：

WB_1＝（0.460，0.272，0.180，0.088）　CR＝0.032 2　CI＝0.029　RI＝0.9

WB_2＝（0.525，0.334，0.142）　CR＝0.046 4　CI＝0.026 9　RI＝0.58

WB_3＝（0.539，0.297，0.164）　CR＝0.007 9　CI＝0.004 6　RI＝0.58

WB_4＝（0.107，0.238，0.442，0.213）　CR＝0.08　CI＝0.072　RI＝0.90

WB_5＝（0.334，0.525，0.142）　CR＝0.046 6　CI＝0.027　RI＝0.58

CR均小于0.1，说明所有的判断矩阵满足一致性检验。

3）层次总排序一致性检验　C层次某些元素对于B_j单排序的一致性指标为CI_j，相应的平均随机一致性指标为RI_j，则层次总排序随机一致性比率为：

$$CR=\frac{\sum_{1}^{m}a_jCI_j}{\sum_{1}^{m}a_jRI_j}=0.0409$$

当 $CR<0.1$ 时，认为层次总排序结果具有满意的一致性，否则需要重新调整判断矩阵元素的取值。

（3）构造模糊判断矩阵 评判集 $V=\{v_1, v_2, v_3, v_4, v_5\}$ ＝｛高风险，较高风险，中等风险，低风险，极低风险｝。

采用常见风险等级评定方式，将风险水平分为五个层次，其等级和分值见表 5－26 所示。

表 5－26 风险等级及相应的分值

风险等级	高风险	较高风险	中等风险	低风险	极低风险
分值	0.9～0.7	0.7～0.5	0.5～0.3	0.3～0.1	0.1～0

对传入各风险因素设立调查问卷，并由 5 名专家、15 名疫控机构人员及 5 名养殖场技术人员针对不同的风险因素作答，其答案组成不同的单因素判断矩阵。现以某市某区某场为例，对调查问卷进行归纳，构建如下疫病传入各风险因素的模糊综合评判矩阵。

对于疫情情况方面，据调查所得评判矩阵为：

$$R_1=\begin{pmatrix}0.08 & 0.6 & 0.2 & 0.12 & 0\\ 0.12 & 0.64 & 0.08 & 0.16 & 0\\ 0.04 & 0.64 & 0.24 & 0.04 & 0.04\\ 0.12 & 0.08 & 0.20 & 0.48 & 0.12\end{pmatrix}$$

对于免疫和监测情况方面，据调查所得评判矩阵为：

$$R_2=\begin{pmatrix}0.12 & 0.16 & 0.24 & 0.4 & 0.08\\ 0.08 & 0.12 & 0.2 & 0.44 & 0.16\\ 0.04 & 0.08 & 0.12 & 0.56 & 0.2\end{pmatrix}$$

对于防疫情况方面，据调查所得评判矩阵为：

$$R_3=\begin{pmatrix}0.04 & 0.08 & 0.48 & 0.24 & 0.16\\ 0.08 & 0.12 & 0.4 & 0.24 & 0.16\\ 0.12 & 0.16 & 0.44 & 0.16 & 0.12\end{pmatrix}$$

对于饲养管理因素方面，据调查所得评判矩阵为：

$$R_4=\begin{pmatrix}0.16 & 0.24 & 0.4 & 0.12 & 0.08\\0.08 & 0.28 & 0.44 & 0.16 & 0.04\\0.04 & 0.08 & 0.20 & 0.4 & 0.28\\0.08 & 0.12 & 0.48 & 0.2 & 0.12\end{pmatrix}$$

对于动物调运情况方面，据调查所得评判矩阵为：

$$R_5=\begin{pmatrix}0.04 & 0.08 & 0.44 & 0.24 & 0.2\\0.12 & 0.08 & 0.4 & 0.24 & 0.16\\0.08 & 0.2 & 0.4 & 0.24 & 0.08\end{pmatrix}$$

据上述模糊综合评判数学模型，分别对该场的疫情情况、免疫和监测情况、防疫情况、饲养管理因素、动物调运情况进行模糊综合评判：

疫情情况权重集为 $A_1=(0.460, 0.272, 0.180, 0.088)$，得

$$B_1=A_1\circ R_1=(0.460, 0.272, 0.180, 0.088)\circ\begin{pmatrix}0.08 & 0.6 & 0.2 & 0.12 & 0\\0.12 & 0.64 & 0.08 & 0.16 & 0\\0.04 & 0.64 & 0.24 & 0.04 & 0.04\\0.12 & 0.08 & 0.20 & 0.48 & 0.12\end{pmatrix}$$

$=(0.12, 0.46, 0.2, 0.16, 0.088)$，将其进行归一化处理可得：

$(0.117, 0.447, 0.194, 0.156, 0.086)$

免疫和监测权重集为 $A_2=(0.525, 0.334, 0.142)$ 得

$$B_2=A_2\circ R_2=(0.525, 0.334, 0.142)\circ\begin{pmatrix}0.12 & 0.16 & 0.24 & 0.4 & 0.08\\0.08 & 0.12 & 0.2 & 0.44 & 0.16\\0.04 & 0.08 & 0.12 & 0.56 & 0.2\end{pmatrix}$$

$=(0.12, 0.16, 0.24, 0.4, 0.16)$，将其进行归一化处理可得：

$(0.111, 0.148, 0.222, 0.370, 0.148)$

防疫情况权重集为 $A_3=(0.539, 0.297, 0.164)$ 得

$$B_3=A_3\circ R_3=(0.539, 0.297, 0.164)\circ\begin{pmatrix}0.04 & 0.08 & 0.48 & 0.24 & 0.16\\0.08 & 0.12 & 0.4 & 0.24 & 0.16\\0.12 & 0.16 & 0.44 & 0.16 & 0.12\end{pmatrix}$$

$=(0.12, 0.16, 0.48, 0.24, 0.16)$，将其进行归一化处理可得：

$(0.103, 0.138, 0.414, 0.207, 0.138)$

饲养管理因素权重集为 $A_4=(0.107, 0.238, 0.442, 0.213)$，得

$$B_4=A_4\circ R_4=(0.107, 0.238, 0.442, 0.213)\circ\begin{pmatrix}0.16 & 0.24 & 0.4 & 0.12 & 0.08\\0.08 & 0.28 & 0.44 & 0.16 & 0.04\\0.04 & 0.08 & 0.20 & 0.4 & 0.28\\0.08 & 0.12 & 0.48 & 0.2 & 0.12\end{pmatrix}$$

$=(0.107, 0.238, 0.238, 0.4, 0.28)$，将其进行归一化处理可得：

$(0.085, 0.188, 0.188, 0.317, 0.222)$

动物调运情况权重集为 $A_5=(0.334, 0.525, 0.142)$，得

$$B_5=A_5\circ R_5=(0.334, 0.525, 0.142)\circ\begin{pmatrix}0.04 & 0.08 & 0.44 & 0.24 & 0.2\\0.12 & 0.08 & 0.40 & 0.24 & 0.16\\0.08 & 0.20 & 0.40 & 0.24 & 0.08\end{pmatrix}$$

$=(0.12, 0.142, 0.4, 0.24, 0.2)$，将其进行归一化处理可得：

$(0.109, 0.129, 0.363, 0.218, 0.181)$

将各因素的总体判断组成判断矩阵 R，即

$$R=\begin{pmatrix}0.117 & 0.447 & 0.194 & 0.156 & 0.086\\0.111 & 0.148 & 0.222 & 0.370 & 0.148\\0.103 & 0.138 & 0.414 & 0.207 & 0.138\\0.085 & 0.188 & 0.188 & 0.317 & 0.222\\0.109 & 0.129 & 0.363 & 0.218 & 0.181\end{pmatrix}$$

将它与疫情情况、免疫和监测情况、防疫情况、饲养管理因素、动物调运情况各因素在总体中所占权重所组成的权重集 $A=(0.354, 0.221, 0.193, 0.157, 0.075)$ 合成得：

$$B=A\circ R=(0.354, 0.221, 0.193, 0.157, 0.075)\circ\begin{pmatrix}0.117 & 0.447 & 0.194 & 0.156 & 0.086\\0.111 & 0.148 & 0.222 & 0.370 & 0.148\\0.103 & 0.138 & 0.414 & 0.207 & 0.138\\0.085 & 0.188 & 0.188 & 0.317 & 0.222\\0.109 & 0.129 & 0.363 & 0.218 & 0.181\end{pmatrix}$$

$=(0.117, 0.354, 0.221, 0.221, 0.157)$，将其进行归一化处理可得：

$(0.109, 0.331, 0.207, 0.207, 0.147)$

$S=B\cdot C=(0.109, 0.331, 0.207, 0.207, 0.147)(0.9, 0.7, 0.5, 0.3, 0.1)=0.5101$

该场发生布鲁氏菌病的风险为较高风险。

（三）家畜血吸虫病风险评估

1. 家畜血吸虫病概述

血吸虫病是一种由血吸虫寄生在人畜体内引起的人畜共患病，是世界卫生组织认定的六大重点热带病之一，也是我国优先防治的重大传染病。全世界危害严重，分布广泛的血吸虫主要有三种：埃及血吸虫（在非洲北部流行）、曼氏血吸虫（在拉丁美洲和非洲中部流行）、日本血吸虫（在亚洲流行）。由于我国主要流行的是日本血吸虫病，因此通常所说的血吸虫就是指日本血吸虫。

血吸虫成长要经历虫卵、毛蚴、胞蚴、尾蚴、童虫和成虫六个阶段，完成无性生殖和有性生殖两个过程才能完成生活循环。血吸虫虫卵在水和适宜条件下孵化成毛蚴，一条毛蚴进入中间宿主钉螺体内，经过母胞蚴、子胞蚴阶段后发展成数万条尾蚴，所需时间为2～3个月。尾蚴排出至有水环境中，经皮肤等途径感染人和家畜等终末宿主。尾蚴在终末宿主体内发育为童虫、成虫，成虫成熟后产卵，在水牛体内童虫发育成成虫并产卵所需时间为46～50d。血吸虫在性成熟后有旺盛的生殖能力，保持不断产卵的时间较长，在水牛体内的寿命为1～2年，排卵时间超过2个月。

患病人畜因其粪便中含有血吸虫虫卵，为血吸虫病的主要传染源。血吸虫传播的关键是钉螺和水，虫卵只有在有水的条件下才能孵化成为毛蚴，毛蚴必须在钉螺中才能孵化成尾蚴，逸出钉螺的尾蚴浮于水表才具备感染性，因此血吸虫虫卵进入水中、毛蚴在钉螺中孵化和易感动物接触含有尾蚴的疫水是血吸虫感染的三个关键环节。钉螺是中间宿主，是传染的必要环节。钉螺为水陆两栖生物，成螺主要生活在食源丰富而又湿润的陆地，幼螺主要生活在杂草丛生的水中。影响钉螺生长的因素有光照、温度、水、植被和土壤等。动物通过皮肤和黏膜两种方式感染血吸虫，皮肤感染是最主要的方式。尾蚴入侵数量与暴露皮肤的面积、接触疫水的时间呈正相关。动物饮用含尾蚴的水或食用含尾蚴露水的草均可能感染血吸虫。

2. 家畜血吸虫病风险评估模型

家畜血吸虫病是一种对畜牧养殖业有较大危害的传染性疾病，而且具有人畜共患特性。影响血吸虫病流行的因素复杂多样，开展血吸虫病传播风险评估并针对薄弱环节及时精准施策是消除该病风险隐患的重要手段。我们通过文献学习，聘请专家，确定了家畜血吸虫病风险评估指标体系。

（1）风险评估指标的确定

1）风险评估指标的确定　根据确定风险因素的基本原则，搜集、整理相关的流行病学资料，邀请相关专家，经分析论证确定家畜血吸虫病发生的风险因素，包括 5 个方面的风险因素（B_1～B_5），21 个子风险因素（C_1～C_{21}），具体见表 5－27。

表 5－27　家畜血吸虫病传播风险因素

A	B 风险因素	C 子风险因素
A 家畜血吸虫病传播风险因素	B_1 家畜情况	C_1 家畜感染情况
		C_2 家畜查治频次
		C_3 家畜交易流通情况
		C_4 放牧家畜存栏量
		C_5 粪便处理方式
	B_2 钉螺情况	C_6 钉螺分布面积
		C_7 感染性钉螺
		C_8 灭螺
	B_3 接触疫水情况	C_9 放牧习惯
		C_{10} 农业机械化耕作程度
		C_{11} 群众的生活习惯
		C_{12} 群众的种植习惯
		C_{13} 与易感地带的距离
	B_4 自然因素	C_{14} 钉螺滋生地的环境（水网型、湖沼型和山丘型）
		C_{15} 气候
		C_{16} 土壤
		C_{17} 植被
	B_5 社会因素	C_{18} 经费投入
		C_{19} 家畜血吸虫病防治机构队伍
		C_{20} 有效疫苗研究
		C_{21} 群众的血吸虫病防治意识

2）确定各风险评估指标的权重　运用层次分析法计算被比较指标的相对权重和绝对权重，并做一致性检验。

①一级指标的确定及一致性检验。将矩阵的数据经过 Excel 分析处理后，可得最大特征根 $\lambda_{max}=5.172$，根据一致性检验公式 $CR=CI/RI$ 和随机一致性指标数值，得出 $CR=0.0384$。

家畜情况、钉螺情况、接触疫水情况、自然因素、社会因素权重分别为 0.348、0.308、0.205、0.069、0.069。具体见表 5-28。

表 5-28 家畜血吸虫病风险指标权重

	一级指标	一级指标相对权重	二级指标	二级指标相对权重	总权重
家畜血吸虫病风险指标相对权重与绝对权重	家畜情况	0.348	家畜感染情况	0.354	0.123
			家畜查治频次	0.265	0.092
			家畜交易流通情况	0.220	0.076
			放牧家畜存栏量	0.061	0.021
			粪便处理方式	0.100	0.035
	钉螺情况	0.308	钉螺分布面积	0.400	0.123
			感染性钉螺	0.400	0.123
			灭螺	0.200	0.062
	接触疫水情况	0.205	放牧习惯	0.372	0.076
			农业机械化耕作程度	0.302	0.062
			群众的生活习惯	0.199	0.041
			群众的种植习惯	0.058	0.012
			与易感地带的距离	0.069	0.014
	自然因素	0.069	钉螺滋生地的环境（水网型、湖沼型和山丘型）	0.429	0.030
			气候	0.303	0.021
			土壤	0.170	0.012
			植被	0.098	0.007
	社会因素	0.069	经费投入	0.250	0.017
			家畜血吸虫病防治机构队伍	0.250	0.017
			有效疫苗研究	0.250	0.017
			群众的血吸虫病防治意识	0.250	0.017

②二级指标的确定及一致性检验。依据上述方法求出家畜情况、钉螺情况、接触疫水情况、自然因素、社会因素分准则层的权重向量分别为：

$WB_1=$（0.354，0.265，0.220，0.061，0.100） $CR=0.0634$ $CI=0.071$ $RI=1.12$

$WB_2=$（0.400，0.400，0.200） $CR=0$ $CI=0$ $RI=0.58$

$WB_3=$（0.372，0.302，0.199，0.058，0.069） $CR=0.0080$ $CI=0.009$ $RI=1.12$

$WB_4=$（0.429，0.303，0.170，0.098） $CR=0.0811$ $CI=0.073$ $RI=0.90$

$WB_5=$（0.250，0.250，0.250，0.250） $CR=0$ $CI=0$ $RI=0.90$

CR 均小于 0.1，说明所有的判断矩阵满足一致性检验。

③层次总排序一致性检验。C 层次某些元素对于 B_j 单排序的一致性指标为 CI_j，相应的平均随机一致性指标为 RI_j，则层次总排序随机一致性比率为：

$$CR = \frac{\sum_1^m a_j CI_j}{\sum_1^m a_j RI_j} = 0.0343$$

当 $CR < 0.1$ 时，认为层次总排序结果具有满意的一致性，否则需要重新调整判断矩阵元素的取值。

（2）构造模糊判断矩阵　评判集 $V = \{v_1, v_2, v_3, v_4, v_5\}$ ＝｛高风险，较高风险，中等风险，低风险，极低风险｝。

采用常见风险等级评定方式，将风险水平分为五个层次，其等级和分值见表 5－29 所示。

表 5－29　家畜血吸虫病风险指标等级

风险等级	高风险	较高风险	中等风险	低风险	极低风险
分值	1	0.7	0.4	0.2	0.1

对传入各风险因素设立调查问卷，并由 5 名血吸虫病防治专家、10 名疫控机构人员及 5 名从事吸虫病防治工作人员针对不同的风险因素作答，其答案组成不同的单因素判断矩阵。现以某市为例，对调查问卷进行归纳，构建如下疫病传入各风险因素的模糊综合评判矩阵。

对于家畜情况方面，据调查所得评判矩阵为：

$$R_1 = \begin{pmatrix} 0.10 & 0.15 & 0.2 & 0.50 & 0.05 \\ 0.15 & 0.10 & 0.4 & 0.30 & 0.05 \\ 0.05 & 0.20 & 0.35 & 0.30 & 0.10 \\ 0.05 & 0.15 & 0.20 & 0.30 & 0.30 \\ 0.20 & 0.30 & 0.35 & 0.15 & 0.00 \end{pmatrix}$$

对于钉螺情况方面，据调查所得评判矩阵为：

$$R_2 = \begin{pmatrix} 0.05 & 0.15 & 0.40 & 0.25 & 0.15 \\ 0.05 & 0.20 & 0.35 & 0.30 & 0.10 \\ 0.20 & 0.20 & 0.35 & 0.15 & 0.10 \end{pmatrix}$$

对于接触疫水情况方面，据调查所得评判矩阵为：

$$R_3=\begin{bmatrix}0.15 & 0.10 & 0.45 & 0.20 & 0.10\\0.05 & 0.20 & 0.35 & 0.25 & 0.15\\0.10 & 0.15 & 0.15 & 0.40 & 0.20\\0.05 & 0.15 & 0.20 & 0.30 & 0.30\\0.15 & 0.40 & 0.20 & 0.15 & 0.00\end{bmatrix}$$

对于自然因素方面，据调查所得评判矩阵为：

$$R_4=\begin{bmatrix}0.05 & 0.40 & 0.25 & 0.20 & 0.10\\0.10 & 0.20 & 0.25 & 0.30 & 0.15\\0.05 & 0.25 & 0.20 & 0.30 & 0.20\\0.10 & 0.25 & 0.25 & 0.20 & 0.20\end{bmatrix}$$

对于社会因素方面，据调查所得评判矩阵为：

$$R_5=\begin{bmatrix}0.10 & 0.25 & 0.35 & 0.20 & 0.10\\0.10 & 0.30 & 0.25 & 0.20 & 0.15\\0.05 & 0.40 & 0.20 & 0.20 & 0.15\\0.10 & 0.35 & 0.35 & 0.10 & 0.00\end{bmatrix}$$

据上述模糊综合评判数学模型，分别对某市的家畜情况、钉螺情况、接触疫水情况、自然因素、社会因素进行模糊综合评判：

家畜情况权重集为 $A_1=$（0.354，0.265，0.220，0.061，0.100），得

$$B_1=A_1\circ R_1=(0.354,\ 0.265,\ 0.220,\ 0.061,\ 0.100)\circ\begin{bmatrix}0.10 & 0.15 & 0.2 & 0.50 & 0.05\\0.15 & 0.10 & 0.4 & 0.30 & 0.05\\0.05 & 0.20 & 0.35 & 0.30 & 0.10\\0.05 & 0.15 & 0.20 & 0.30 & 0.30\\0.20 & 0.30 & 0.35 & 0.15 & 0.00\end{bmatrix}$$

=（0.150，0.200，0.265，0.354，0.100），将其进行归一化处理可得：

（0.140，0.187，0.248，0.331，0.094）

钉螺情况权重集为 $A_2=$（0.400，0.400，0.200）得

$$B_2=A_2\circ R_2=(0.400, 0.400, 0.200)\circ\begin{bmatrix}0.05&0.15&0.40&0.25&0.15\\0.05&0.20&0.35&0.30&0.10\\0.20&0.20&0.35&0.15&0.10\end{bmatrix}$$

＝（0.20，0.20，0.40，0.30，0.15），将其进行归一化处理可得：

（0.16，0.16，0.32，0.24，0.12）

接触疫水情况权重集为 A_3＝（0.372，0.302，0.199，0.058，0.069）得

$$B_3=A_3\circ R_3=(0.372, 0.302, 0.199, 0.058, 0.069)\circ\begin{bmatrix}0.15&0.10&0.45&0.20&0.10\\0.05&0.20&0.35&0.25&0.15\\0.10&0.15&0.15&0.40&0.20\\0.05&0.15&0.20&0.30&0.30\\0.15&0.40&0.20&0.15&0.00\end{bmatrix}$$

＝（0.150，0.200，0.372，0.250，0.199），将其进行归一化处理可得：

（0.128，0.171，0.318，0.213，0.170）

自然因素权重集为 A_4＝（0.429，0.303，0.170，0.098），得

$$B_4=A_4\circ R_4=(0.429, 0.303, 0.170, 0.098)\circ\begin{bmatrix}0.05&0.40&0.25&0.20&0.10\\0.10&0.20&0.25&0.30&0.15\\0.05&0.25&0.20&0.30&0.20\\0.10&0.25&0.25&0.20&0.20\end{bmatrix}$$

＝（0.10，0.40，0.25，0.30，0.17），将其进行归一化处理可得：

（0.082，0.325，0.205，0.246，0.139）

社会因素权重集为 A_5＝（0.250，0.250，0.250，0.250），得

$$B_5=A_5\circ R_5=(0.250, 0.250, 0.250, 0.250)\circ\begin{bmatrix}0.10&0.25&0.35&0.20&0.10\\0.10&0.30&0.25&0.20&0.15\\0.05&0.40&0.20&0.20&0.15\\0.10&0.35&0.35&0.10&0.00\end{bmatrix}$$

＝（0.100，0.250，0.250，0.200，0.150），将其进行归一化处理可得：

（0.105，0.263，0.263，0.211，0.158）

将各因素的总体判断组成判断矩阵 R，即

$$R=\begin{bmatrix}0.140 & 0.187 & 0.248 & 0.331 & 0.094\\0.16 & 0.16 & 0.32 & 0.24 & 0.12\\0.128 & 0.171 & 0.318 & 0.213 & 0.170\\0.082 & 0.328 & 0.205 & 0.246 & 0.139\\0.105 & 0.263 & 0.263 & 0.211 & 0.158\end{bmatrix}$$

将它与家畜情况、钉螺情况、接触疫水情况、自然因素、社会因素各因素在总体中所占权重所组成的权重集 $A=$（0.348，0.308，0.205，0.069，0.069）合成得：

$$B=A\circ R=(0.348,\ 0.308,\ 0.205,\ 0.069,\ 0.069)\circ\begin{bmatrix}0.140 & 0.187 & 0.248 & 0.331 & 0.094\\0.16 & 0.16 & 0.32 & 0.24 & 0.12\\0.128 & 0.171 & 0.318 & 0.213 & 0.170\\0.082 & 0.328 & 0.205 & 0.246 & 0.139\\0.105 & 0.263 & 0.263 & 0.211 & 0.158\end{bmatrix}$$

=（0.16，0.187，0.32，0.331，0.170），将其进行归一化处理可得：

（0.137，0.160，0.274，0.283，0.146）

$S=B\cdot C=$（0.137，0.160，0.274，0.283，0.146）（1，0.7，0.4，0.2，0.1）=0.429 8

该市发生血吸虫病的风险为中等风险。

（四）屠宰场非洲猪瘟风险评估模型

非洲猪瘟（ASF）是由非洲猪瘟病毒（ASFV）引起的猪的一种急性、出血性、高度接触性传染病。世界动物卫生组织将其列为法定报告动物疫病，我国将其列为一类动物疫病。临床主要表现为高热、皮肤充血、多器官出血、脾脏异常肿大、流产，易感猪群死亡率达 100％等特征。非洲猪瘟自 1921 年在肯尼亚首次被报道以来，已在全球多个国家和地区流行，并对其流行的国家和地区的养猪业健康稳定的发展造成了严重的危害和巨大经济损失。2018 年非洲猪瘟在我国暴发，给我国的养猪生产、屠宰、生猪产品加工等行业造成了巨大的危害。目前来看，我国非洲猪瘟防控工作虽然取得了积极成效，但是该病毒已在我国定殖并且污染面较广，总的来看，疫情发生可能性依旧比较高。

当前针对 ASF 没有疫苗和特效药，只能通过加强消毒、提高饲养环节的饲养管理以及监测排查屠宰加工环节等防控措施进行预防。生猪屠宰是连接生猪产销的关键环节。根据国际相关经验，一旦屠宰场屠宰了病猪或潜伏期的生猪，就会变成疫源地。因此，开展屠宰场 ASF 风险评估是提高防疫工作科学性的重要手段，是切断 ASFV 传播途径、降低病毒扩散风险的重要举措。下文基于层次分析法构建了屠宰场 ASF 风险评估指标体系，在此基础上，结合模糊评价法构建了屠宰场非洲猪瘟风险评估模型。

1. 屠宰场 ASF 风险评价体系

（1）风险因素识别　对屠宰场 ASF 进行风险评估，首先要对其风险因素进行识别。与 ASF 风险相关的因素涵盖了生猪调运、待宰动物管理、宰中管理、宰后管理、日常管理等多个环节。组织专家进行科学的风险识别，是目前风险评估应用最广的方法。本文采用德尔菲法，征询了来自屠宰企业、动物疫病预防控制机构、科研院校、行业协会等不同职业的 25 位专家的意见。

（2）屠宰场 ASF 风险评估指标体系　造成 ASF 疫情传播的因素很多，在查阅大量文献的基础上，设计调查问卷。经过专家调查，统计分析数据。根据科学性、可操作性、系统性原则，结合专家意见，构建了屠宰场 ASF 风险评估指标体系，包括了 5 个一级指标、20 个二级指标，如表 5－30 所示。

表 5－30　屠宰场非洲猪瘟风险因素

	B 风险因素	C 子风险因素
A 屠宰场非洲猪瘟风险因素	B_1 生猪调运	C_1 生猪来源地疫病状况
		C_2 生猪进场验收
		C_3 运输车辆消毒
		C_4 动物产地检疫证明
	B_2 待宰动物管理	C_5 待宰动物分群管理
		C_6 待宰动物消毒
		C_7 宰前临床检查
		C_8 宰前检测
		C_9 宰前淋浴
	B_3 宰中管理	C_{10} 分批屠宰
		C_{11} 分批在线采血检测
		C_{12} 在线同步检验检疫
	B_4 宰后管理	C_{13} 宰后采样检测
		C_{14} 废弃物处置
		C_{15} 检验检疫合格证明
	B_5 日常管理	C_{16} 卫生与消毒管理
		C_{17} 废弃物处理措施
		C_{18} 人员管理
		C_{19} 运输车辆管理
		C_{20} 防蚊虫管理

2. 模糊层次分析法

模糊层次分析法是层次分析法和模糊评价法的组合，首先利用层次分析法建立层次结构模型，然后构建判断矩阵，经过一致性评价得到一致性判断矩阵，再采用模糊评价法建立隶属度矩阵，最后将隶属度矩阵和层次分析法得出的权重向量计算得到模糊综合权重。

（1）层次分析法确定风险指标权重

1）构建层次结构模型　结合屠宰企业实际管理经验，选取一级指标和二级指标建立层次结构模型（表 5 - 30）。

2）构造判断矩阵　根据层次结构图，再次邀请上述 25 位专家对指标的两两重要性进行比较，构建判断矩阵。

3）权重计算及一致性检验　根据判断矩阵，计算特征向量 W 和最大特征值 λ_{max}，$\lambda_{max}=\sum_{i=1}^{n}\frac{(BW)_i}{nW_i}$，将特征向量 W 经过归一化，即为评价因素的权重。得到的权重分配是否合理，还需要利用一致性指标 CI、平均随机一致性指标 RI（RI 值可从表 5 - 5 中查出）和一致性比率 CR 做一致性检验，具体计算见式（1）和（2）。$CI=\frac{\lambda_{max}-n}{n-1}$（1），$CR=CI/RI$（2）。若 $CR<0.1$，则认为判断矩阵满足一致性要求，否则就需要适当调整判断矩阵直至一致性满足要求。

①一级指标的确定及一致性检验。将矩阵的数据经过 Excel 分析处理后，可得最大特征根 $\lambda_{max}=5.176$，根据一致性检验公式 $CR=CI/RI$ 和随机一致性指标数值，得出 $CR=0.0393$。

生猪调运、待宰动物管理、宰中管理、宰后管理、日常管理权重分别为 0.336、0.200、0.138、0.089、0.238。具体见表 5 - 31。

②二级指标的确定及一致性检验。依据上述方法求出生猪调运、待宰动物管理、宰中管理、宰后管理、日常管理分准则层的权重向量分别为：

$WB_1=$（0.450，0.321，0.142，0.087）　$CI=0.027$　$RI=0.9$　$CR=0.03$

$WB_2=$（0.169，0.176，0.185，0.378，0.092）　$CI=0.091$　$RI=1.12$　$CR=0.0813$

$WB_3=$（0.128，0.512，0.360）　$CI=0.054$　$RI=0.58$　$CR=0.0931$

$WB_4=$（0.525，0.142，0.334）　$CI=0.027$　$RI=0.58$　$CR=0.0466$

$WB_5=$（0.145，0.287，0.287，0.200，0.082）　$CI=0.062$　$RI=1.12$　$CR=0.0554$

CR 均小于 0.1，说明所有的判断矩阵满足一致性检验。

4）层次总排序及一致性检验。在层次单排序的基础上，从上到下逐层进行排序，计算底层指标对于目标层的层次总排序。假设底层指标权重为 ω_i，准则层指标权重为 Wi，则合成权重 Wn 为底层指标权重与相应的准则层指标权重之积，计算公式 $Wn=\omega_i \times Wi$。具体结果见表 5-31。

C 层次某些元素对于 B_j 单排序的一致性指标为 CI_j，相应的平均随机一致性指标为 RI_j，则层次总排序随机一致性比率为：

$$CR=\frac{\sum_{1}^{m} a_j CI_j}{\sum_{1}^{m} a_j RI_j}=0.056\ 1$$

当 $CR<0.1$ 时，认为层次总排序结果具有满意的一致性，否则需要重新调整判断矩阵元素的取值。

表 5-31　屠宰场非洲猪瘟风险指标权重

	一级指标	一级指标相对权重	二级指标	二级指标相对权重	总权重
屠宰场非洲猪瘟风险指标相对权重与绝对权重	生猪调运	0.336	生猪来源地疫病状况	0.450	0.151
			生猪进场验收	0.321	0.108
			运输车辆消毒	0.142	0.048
			动物产地检疫证明	0.087	0.029
	待宰动物管理	0.200	待宰动物分群管理	0.169	0.034
			待宰动物消毒	0.176	0.035
			宰前临床检查	0.185	0.037
			宰前检测	0.378	0.076
			宰前淋浴	0.092	0.018
	宰中管理	0.138	分批屠宰	0.128	0.018
			分批在线采血检测	0.512	0.071
			在线同步检验检疫	0.360	0.050
	宰后管理	0.089	宰后采样检测	0.525	0.047
			废弃物处置	0.142	0.013
			检验检疫合格证明	0.334	0.030
	日常管理	0.238	卫生与消毒管理	0.145	0.035
			废弃物处理措施	0.287	0.068
			人员管理	0.287	0.068
			运输车辆管理	0.200	0.048
			防蚊虫管理	0.082	0.019

（2）模糊综合评价模型

1）确定评价因素集　因素集（U）是影响评判对象的各种因素（U_i）集合，根据表5-30建立的评价指标体系，设$U=\{u_1, u_2, u_3, u_4, u_5\}$，其中$u_1=\{u_{11}, u_{12}, u_{13}, u_{14}\}$，$u_2=\{u_{21}, u_{22}, u_{23}, u_{24}, u_{25}\}$，$u_3=\{u_{31}, u_{32}, u_{33}\}$，$u_4=\{u_{41}, u_{42}, u_{43}\}$，$u_5=\{u_{51}, u_{52}, u_{53}, u_{54}, u_{55}\}$。

2）建立评语集　评语集（V）是由评价者对评价对象可能做出的各种总的评价结果所组成的集合。下文将风险水平分为5个层次（表5-32），评判集$V=\{v_1, v_2, v_3, v_4, v_5\}=$｛高风险，较高风险，中等风险，低风险，极低风险｝。

表5-32　屠宰场非洲猪瘟风险指标等级

风险等级	高风险	较高风险	中等风险	低风险	极低风险
分值	1～0.8	0.8～0.6	0.6～0.4	0.4～0.2	0.2～0
平均分值	0.9	0.7	0.5	0.3	0.1

3）构建模糊评价矩阵　对各风险因素设立调查问卷，并由5名非洲猪瘟防治专家、10名疫控机构人员以及10名该屠宰场管理和兽医技术人员针对不同的风险因素作答，其答案组成不同的单因素判断矩阵。现以某市某屠宰场为例，对调查问卷进行归纳，构建如下疫病传播各风险因素的模糊综合评判矩阵。

对于生猪调运方面，据调查所得评判矩阵为：

$$R_1=\begin{pmatrix} 0.40 & 0.24 & 0.16 & 0.12 & 0.08 \\ 0.08 & 0.12 & 0.16 & 0.24 & 0.40 \\ 0.04 & 0.08 & 0.40 & 0.28 & 0.20 \\ 0.32 & 0.20 & 0.40 & 0.04 & 0.04 \end{pmatrix}$$

对于待宰动物管理方面，据调查所得评判矩阵为：

$$R_2=\begin{pmatrix} 0.12 & 0.20 & 0.40 & 0.08 & 0.20 \\ 0.04 & 0.16 & 0.36 & 0.32 & 0.12 \\ 0.20 & 0.24 & 0.20 & 0.28 & 0.08 \\ 0.08 & 0.12 & 0.08 & 0.40 & 0.32 \\ 0.04 & 0.08 & 0.12 & 0.44 & 0.32 \end{pmatrix}$$

对于宰中管理方面，据调查所得评判矩阵为：

$$R_3=\begin{pmatrix}0.04 & 0.12 & 0.20 & 0.28 & 0.36\\0.08 & 0.12 & 0.24 & 0.20 & 0.36\\0.12 & 0.08 & 0.16 & 0.32 & 0.32\end{pmatrix}$$

对于宰后管理方面，据调查所得评判矩阵为：

$$R_4=\begin{pmatrix}0.20 & 0.24 & 0.28 & 0.16 & 0.12\\0.04 & 0.08 & 0.20 & 0.40 & 0.28\\0.08 & 0.12 & 0.24 & 0.20 & 0.36\end{pmatrix}$$

对于日常管理方面，据调查所得评判矩阵为：

$$R_5=\begin{pmatrix}0.04 & 0.08 & 0.44 & 0.24 & 0.20\\0.12 & 0.08 & 0.40 & 0.24 & 0.16\\0.08 & 0.20 & 0.40 & 0.24 & 0.08\\0.04 & 0.12 & 0.24 & 0.28 & 0.32\\0.04 & 0.08 & 0.20 & 0.24 & 0.44\end{pmatrix}$$

据上述模糊综合评判数学模型，分别对该场的生猪调运、待宰动物管理、宰中管理、宰后管理、日常管理进行模糊综合评判：

生猪调运权重集为 $A_1=(0.450, 0.321, 0.142, 0.087)$，得

$$B_1=A_1\circ R_1=(0.450, 0.321, 0.142, 0.087)\circ\begin{pmatrix}0.40 & 0.24 & 0.16 & 0.12 & 0.08\\0.08 & 0.12 & 0.16 & 0.24 & 0.40\\0.04 & 0.08 & 0.40 & 0.28 & 0.20\\0.32 & 0.20 & 0.40 & 0.04 & 0.04\end{pmatrix}$$

$=(0.40, 0.24, 0.16, 0.24, 0.321)$，将其进行归一化处理可得：

$(0.294, 0.176, 0.118, 0.176, 0.236)$

待宰动物管理权重集为 $A_2=(0.169, 0.176, 0.185, 0.378, 0.092)$ 得

$$B_2=A_2\circ R_2=(0.169, 0.176, 0.185, 0.378, 0.092)\circ\begin{pmatrix}0.12 & 0.20 & 0.40 & 0.08 & 0.20\\0.04 & 0.16 & 0.36 & 0.32 & 0.12\\0.20 & 0.24 & 0.20 & 0.28 & 0.08\\0.08 & 0.12 & 0.08 & 0.40 & 0.32\\0.04 & 0.08 & 0.12 & 0.44 & 0.32\end{pmatrix}$$

$=(0.185, 0.185, 0.185, 0.378, 0.320)$，将其进行归一化处理可得：

(0.148，0.148，0.148，0.301，0.255)

宰中管理权重集为 $A_3=$ (0.128，0.512，0.360) 得

$$B_3=A_3\circ R_3=(0.128,\ 0.512,\ 0.360)\circ\begin{bmatrix}0.04 & 0.12 & 0.20 & 0.28 & 0.36\\0.08 & 0.12 & 0.24 & 0.20 & 0.36\\0.12 & 0.08 & 0.16 & 0.32 & 0.32\end{bmatrix}$$

= (0.12，0.12，0.24，0.32，0.36)，将其进行归一化处理可得：

(0.103，0.103，0.207，0.276，0.310)

宰后管理权重集为 $A_4=$ (0.525，0.142，0.334)，得

$$B_4=A_4\circ R_4=(0.525,\ 0.142,\ 0.334)\circ\begin{bmatrix}0.20 & 0.24 & 0.28 & 0.16 & 0.12\\0.04 & 0.08 & 0.20 & 0.40 & 0.28\\0.08 & 0.12 & 0.24 & 0.20 & 0.36\end{bmatrix}$$

= (0.20，0.24，0.28，0.20，0.334)，将其进行归一化处理可得：

(0.160，0.191，0.223，0.160，0.266)

日常管理权重集为 $A_5=$ (0.145，0.287，0.287，0.200，0.082)，得

$$B_5=A_5\circ R_5=(0.145,\ 0.287,\ 0.287,\ 0.200,\ 0.082)\circ\begin{bmatrix}0.04 & 0.08 & 0.44 & 0.24 & 0.20\\0.12 & 0.08 & 0.40 & 0.24 & 0.16\\0.08 & 0.20 & 0.40 & 0.24 & 0.08\\0.04 & 0.12 & 0.24 & 0.28 & 0.32\\0.04 & 0.08 & 0.20 & 0.24 & 0.44\end{bmatrix}$$

= (0.12，0.20，0.287，0.24，0.20)，将其进行归一化处理可得：

(0.115，0.191，0.274，0.229，0.191)

将各因素的总体判断组成判断矩阵 R，即

$$R=\begin{bmatrix}0.294 & 0.176 & 0.118 & 0.176 & 0.236\\0.148 & 0.148 & 0.148 & 0.301 & 0.255\\0.103 & 0.103 & 0.207 & 0.276 & 0.310\\0.160 & 0.191 & 0.223 & 0.160 & 0.266\\0.115 & 0.191 & 0.274 & 0.229 & 0.191\end{bmatrix}$$

将它与生猪调运、待宰动物管理、宰中管理、宰后管理、日常管理各因素在总体中所占权重所组成的权重集 $A=$ (0.336，0.20，0.138，0.089，0.238) 合成得：

$$B=A\circ R=(0.336, 0.20, 0.138, 0.089, 0.238)\circ\begin{pmatrix}0.294 & 0.176 & 0.118 & 0.176 & 0.236\\0.148 & 0.148 & 0.148 & 0.301 & 0.255\\0.103 & 0.103 & 0.207 & 0.276 & 0.310\\0.160 & 0.191 & 0.223 & 0.160 & 0.266\\0.115 & 0.191 & 0.274 & 0.229 & 0.191\end{pmatrix}$$

=（0.294，0.191，0.238，0.229，0.236），将其进行归一化处理可得：

（0.247，0.161，0.200，0.193，0.199）

$S=B\cdot C=(0.247, 0.161, 0.200, 0.193, 0.199)(0.9, 0.7, 0.5, 0.3, 0.1)=0.5128$

被评价屠宰场对应的ASF风险等级为中等风险。

附录　进境动物及其产品风险分析技术规范

为进一步强化全国动物卫生风险评估工作，规范技术评估流程，提高评估工作效率，确保风险评估工作更加科学、公正。根据《中华人民共和国生物安全法》《中华人民共和国进出境动植物检疫法》等法律法规，我局在总结近年来动物卫生风险评估工作经验的基础上，组织制定了《进境动物及其产品风险分析技术规范》。

1　范围

本规范规定了开展进境动物及其产品风险分析的工作程序和评估要素。

本规范适用于有关贸易国家（地区）进境动物及其产品特定动物疫病风险分析工作。

2　术语与定义

下列术语和定义适用于本规范。

2.1　危害

进境动物及其产品所携带的可能引起不利后果的致病因子。

2.2　危害识别

识别和确认与进境动物及其产品有关的可能产生潜在危害的致病因子。

2.3　传入评估

阐明危害在特定条件下传入我国境内的途径和可能性。

2.4　暴露评估

阐明我国境内的易感动物暴露于特定危害的途径，并评估此种暴露发生的可能性。

2.5 后果评估

阐明我国境内的易感动物接触特定危害的后果并估算其发生的可能性。

2.6 风险

一定时期内，危害在我国特定环境中发生的可能性及导致生物、生态、经济方面不利后果的严重程度。

2.7 风险分析

风险分析是一个结构性程序，分析动物及其产品在特定区域内或跨境移动时感染和传播动物疫病的风险，并实施科学的风险管理措施。

2.8 风险交流

在风险分析过程中，评估专家、风险管理者及各利益相关方间交流风险信息的过程。

2.9 风险估算

综合考虑从危害识别到产生不利后果的全部风险路径，包括传入评估、暴露评估和后果评估的结果，估算特定危害的总体风险水平。

2.10 风险管理

在风险评估的基础上，选择、确定和实施能够降低风险水平的措施及对措施开展评价的过程。

2.11 不确定性

由于评估信息、数据不准确及缺乏等因素而导致的评估结果的不准确。

3 风险分析原则

坚持科学合理，公正客观，采用国际通用的风险分析方法，并与海关总署等部门、国内有关行业协会以及被评估国家兽医机构、企业等及时交流意见和信息，认真审查出口国

（地区）提交的相关信息数据的合理性、准确性和时效性，公正全面、客观开展书面评估和实地评估。

4 工作程序

全国动物卫生风险评估专家委员会办公室（以下简称“委员会办公室”）接到农业农村部畜牧兽医局（以下简称“部畜牧兽医局”）下达的某个国家（地区）进境动物及其产品的评估任务后，在10个工作日内遴选委员或专家组成书面评估专家组。除特殊情况外，需在35个工作日内完成书面评估工作。如被评估国家（地区）提交的信息不完整，需补充材料，委员会要及时反馈部畜牧兽医局。

通过书面评估且具备开展实地评估条件的，由部畜牧兽医局组建实地评估专家组，专家组赴有关国家（地区）开展实地评估，了解特定动物疫病防控相关情况。委员会办公室根据书面评估和实地评估情况，完成风险评估报告报送部畜牧兽医局。

5 书面评估

根据世界动物卫生组织（WOAH）风险分析框架（附图1），动物卫生风险分析通常包含危害识别、风险评估、风险管理和风险交流四个组成部分。

本规范参照该风险分析框架，将进境动物及其产品风险分析分为四个阶段：第一阶段进行评估前的准备；第二阶段开展危害识别；第三阶段分步骤开展风险评估，一般按照传入评估、暴露评估、后果评估的结构性程序评价特定动物疫病传入的危害程度和可能性；第四阶段提出风险管理建议并评价其执行效果。

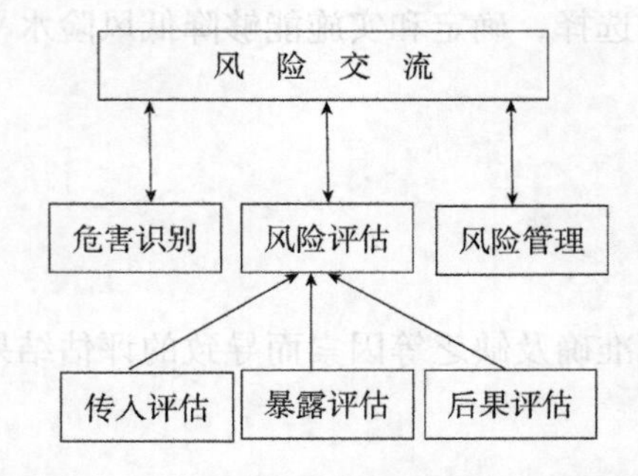

附图1　世界动物卫生组织风险分析框架

5.1 评估前的准备

评估专家应首先明确拟评估的特定动物疫病种类、易感动物及其产品类型、评估区域范围等内容。

评估专家在评估正式启动前应详细了解和掌握特定动物疫病的病原学及流行病学特点，我国相关法律、法规、标准等规定，《WOAH陆生动物卫生法典》（以下简称“WOAH法典”）、《WOAH陆生动物诊断试验与疫苗手册》以及有关国际协议、准则的相关规定。

5.2 危害识别

危害识别阶段应考虑以下因素：

a）拟对华出口动物及其产品的国家（地区）是否存在特定动物疫病病原；

b）拟输华动物及其产品是否可携带特定动物疫病病原；

c）我国是否存在特定动物疫病传播的条件。

评估专家基于以上因素，确认进境动物及其产品是否会对我国畜牧业生产、公共卫生及生物安全造成危害或产生负面影响。如果是，则建议启动风险评估。

5.3 风险评估

5.3.1 传入评估

传入评估阶段主要评估特定动物疫病通过动物及其产品贸易活动由被评估国家（地区）传入我国境内的可能性，应全面评价被评估国家（地区）以下风险因素：

5.3.1.1 制度框架

评价法律、法规、规章、标准等制度建设情况，评估其制度层面能否保证本国（地区）特定动物疫病防控工作有法可依且科学有效。

5.3.1.2 机构体系

评价各层级畜牧兽医机构是否完整，人力、财力、物力情况及兽医体系效能是否满足特定动物疫病防控工作需求，重点参考出口国兽医体系效能评估报告及差距分析报告。

5.3.1.3 实验室体系

评价该国家（地区）动物卫生实验室体系基础设施、设备、质量保证、生物安全管理及检测技术水平能否满足特定动物疫病监测、诊断及防控工作需求。

5.3.1.4　利益相关方职责

评估行业协会（学会）、科研机构、兽医院校、企业等利益相关方在特定动物疫病防控工作中能否有效履行法律规定的职责和义务。

5.3.1.5　疫病防控措施

（1）区域区划

如被评估国家（地区）采取动物疫病区域化管理防控特定动物疫病，则主要评估涉及区域区划的法律法规，区域化建设和运行过程中的屏障体系、管理措施、移动控制是否科学、有效。

（2）生物安全管理

评价是否针对动物养殖、交易、屠宰、加工等各场所的生物安全管理（防疫条件）有相应规范要求并有效执行。

（3）监测体系

评估针对饲养及野生易感动物开展的主、被动监测情况，查看是否具有科学合理的监测计划或方案，监测结果是否翔实可信，阳性结果是否及时报告，并核实监测数据。

（4）监督管理

评价被评估国家（地区）是否建立了动物卫生监管制度，对养殖场（户）、屠宰场、易感动物交易市场、饲料生产加工、隔离、无害化处理等场所进行有效监管，具有监管记录及执法记录。

（5）疫情处置

评估疫情应急响应制度及实施情况，包括应急储备、响应措施及政府补偿措施等。结合最后一次疫情的处置情况，评估疫情应对和处置能力。

（6）标识档案

评价被评估国家（地区）目前执行的动物档案、标识、追溯体系能否实现相关动物及产品可追溯。

（7）移动

评价易感动物及其产品在国家（地区）内部移动是否采取了有效的控制及监管措施。

（8）特定风险物质（SRM）处理

评价采取的特定风险物质（SRM）分级及处置措施能否彻底消除疯牛病或痒病传播

风险。

5.3.1.6 畜牧业情况

(1) 养殖量

了解易感动物年末存栏量、出栏量及野生易感动物分布、数量等情况。

(2) 养殖模式

了解散养模式、集约化养殖模式分类和分布情况及不同养殖模式比例。

(3) 饲料监管

评价饲料生产、销售、运输和使用的监管情况。

5.3.1.7 动物产品监管情况

(1) 屠宰

主要评价屠宰流程工艺是否合理、屠宰检疫是否有章可循并有效执行、屠宰监管是否到位。

(2) 加工

主要评价动物产品加工环境卫生安全管理情况。

(3) 无害化处理

主要评价动物尸体、粪污及其他废弃物的无害化处理制度、工艺，生物安全管理及监管情况。

(4) 流通

主要评价动物产品流通监管及可追溯情况。

5.3.1.8 国际贸易

(1) 进境贸易

了解被评估国家（地区）易感动物及其产品进境数量、追溯、检验检疫及监管情况。

(2) 出口贸易

了解被评估国家（地区）易感动物及其产品出口情况及出口检疫监管情况。

5.3.1.9 如经传入评估后证明不存在风险，可在这一步做出评估结论；如存在传入风险，则启动暴露评估。

5.3.2 暴露评估

暴露评估阶段主要评估特定动物疫病传入我国境内后，感染我国境内易感动物的可能性，暴露评估需考虑以下风险因素：

5.3.2.1 疫病特性

（1）特定动物疫病病原的生物学特征；

（2）特定动物疫病流行病学特点。

5.3.2.2 暴露因素

（1）拟输华动物或其产品数量、来源地、用途及出境检疫措施等；

（2）我国境内可能接触病原的易感动物养殖量、养殖模式及地理分布等；

（3）潜在的传播媒介或途径；

（4）影响疫病传播的地理和环境特征；

（5）影响疫病传播的消费习惯和文化风俗。

5.3.2.3 政策及管理因素

（1）我国与特定动物疫病防控相关的法律、法规、规章、标准等制定情况；

（2）我国特定动物疫病预防控制措施执行情况；

（3）特定动物疫病检测诊断能力；

（4）动物产品生产加工处理情况；

（5）入境动物及其产品隔离、检疫、移动、监管等情况；

（6）其他政策及管理因素。

5.3.2.4 如经暴露评估后证明不存在风险，可在这一步做出风险评估结论；如存在暴露风险，则启动后果评估。

5.3.3 后果评估

后果评估阶段主要评估我国特定动物疫病暴发后所造成的影响及后果，后果评估主要包括以下几方面。

5.3.3.1 直接后果

（1）动物感染、发病及生产损失；

（2）公共卫生后果。

5.3.3.2 间接后果

（1）疫病监测、控制成本；

（2）补偿成本；

（3）贸易损失；

（4）对生物安全的影响；

（5）社会经济后果。

6 实地评估

评估专家结合书面评估结果，通过实地考察的方式对相关信息和数据进行核实验证，详细记录实地考察中发现的问题及风险点，完成实地考察评估报告。

6.1 实地评估涉及的场所

国家及地方畜牧兽医主管部门、国家及地方兽医实验室、饲料检测实验室、出入境检疫机构及口岸（边境）检查站，有代表性的种用及商品动物养殖场（厂）、育肥场（厂）、屠宰场、加工场（肉骨粉加工厂）、饲料加工厂、交易场所、隔离场所、无害化处理场所。

6.2 实地评估的要素

6.2.1 畜牧兽医主管机构

核实涉及特定动物疫病的法律、法规、规章、标准是否健全并不断更新完善，是否有违法违规行为的处罚措施和具体规定；人力、物力、财力配置能否满足特定动物疫病防控需要；政府监管职能是否覆盖特定动物疫病防控各环节；是否有效组织实施了动物疫病防控工作，包括动物疫病监测、流行病学调查、净化和区域化管理，饲料及风险物质监管、检疫监督、动物标识追溯、无害化处理和动物疫情应急处置等相关工作。相关工作是否符合 WOAH 法典相关规定。

如需要对方补充相关佐证信息资料，可在与畜牧兽医主管部门的交流过程中提出。

6.2.2 兽医实验室

核实该国兽医实验室体系构成、工作制度、检测流程、质量保证体系认证情况（参考实验室检测方法应至少通过 ISO17025 或等效认证），实验室体系应具备承担特定动物疫病监测、流行病学调查和培训的能力；实验室基础设施、功能区布局、实验仪器设备、管理体系、实验流程、样品采集、样品送检和运输是否符合特定动物疫病的生物安全管理要求，有详细的检测记录。

6.2.3 出入境检疫机构及口岸检查站

评估承担出入境检疫工作的机构是否具备维持其职能的人力、物力和财力资源。核实口岸检查站职责、分布、人员情况以及对进境和出口动物及其产品实施的检疫监管流程及措施情况。

6.2.4 育种（孵化）场

了解选址布局、设施设备、防疫条件及生物安全管理情况，结合 WOAH 法典相关要求及我国育种（孵化）场所防疫条件及生物安全管理要求，评估其存在的潜在风险；结合该国法律、法规及相关文件，评价该场所监测（采样策略及频次）、消毒、运输、养殖管理、档案标识、疫情报告、无害化处理等动物疫病防控措施及官方监管措施的实际落实情况。

6.2.5 饲养场

了解选址布局、设施设备、防疫条件及生物安全管理情况，结合 WOAH 法典相关要求及我国饲养场所防疫条件及生物安全管理要求，评估其存在的潜在风险；结合该国法律、法规及相关文件，评价该场所监测（采样策略及频次）、消毒、运输、养殖管理、档案标识、疫情报告、无害化处理等相关动物疫病防控措施及官方监管措施的实际落实情况。

6.2.6 屠宰加工场

了解选址布局、设施设备、防疫条件及生物安全管理情况，了解质量安全认证管理及屠宰加工工艺情况；涉及疯牛病及痒病的屠宰场所还应当对屠宰流程、流水线使用情况、高风险物质处理措施开展评估。结合 WOAH 法典相关要求及我国屠宰加工场所防疫条件及生物安全管理要求，评估其存在的潜在风险；结合该国法律、法规，评价待宰动物管理、宰前宰后检疫、运输、消毒、标识追溯、疫情报告等动物疫病防控措施及官方监管措施的实际落实情况。

6.2.7 动物交易场所

了解选址布局、设施设备、防疫条件及生物安全管理情况，结合 WOAH 法典相关要求及我国动物交易场所防疫条件及生物安全管理要求，评估其存在的潜在风险；结合该国法律、法规及相关文件，评价交易动物的准入、运输、消毒、档案管理、疫情报告等动物疫病防控措施及官方监管措施的实际落实情况。

6.2.8 动物隔离场所

了解选址布局、设施设备、隔离方式及生物安全管理情况，结合 WOAH 法典相关要求及我国动物隔离场所防疫条件及生物安全管理要求，评估其存在的潜在风险；结合该国法律、法规及相关文件，评价隔离动物监测、消毒、档案管理、追踪、无害化处理等动物疫病防控措施及官方监管措施的实际落实情况。

6.2.9 无害化处理场所

了解选址布局、设施设备、无害化处理方式、防疫条件及生物安全管理情况，结合WOAH法典相关要求及我国无害化处理场所防疫条件及生物安全管理要求，评估其存在的潜在风险；涉及疯牛病及痒病的无害化处理场所应重点评估风险物质的处理方法和流程。结合该国法律、法规，评价动物尸体、废弃物运输、处理情况及产出物流向、使用情况。

6.2.10 饲料加工场所

了解选址布局及生物安全管理情况，涉及反刍动物饲料的加工厂应重点评估饲料原料、工艺、设施设备及生产管理情况；结合该国法律、法规要求，评价生物安全管理及官方监管措施的实际落实情况。

6.2.11 屏障体系

评估区域区划屏障体系是否完整（屏障体系可以是地理屏障，或沿区域周边建立的检查站、隔离设施、封锁设施等人工屏障）。设立的检查站应配备必要的检疫、消毒设施设备；动物进出区域的口岸和运输通道应设有警示标志。

7 风险评价

专家组依据书面和实地评估情况，对被评估国家（地区）各项风险因素的实际水平开展评价，判定整体风险水平，为制定风险管理措施提供参考依据。各风险因素应达到的基本条件如下：

7.1 法律法规

被评估国家（地区）应具有较为完善的特定动物疫病防控法律法规，明确相关管理和技术措施要求，有违法违规行为的处罚措施或规定。

7.2 兽医机构体系

兽医机构完整、体系健全，具备维持其职能的人力、物力和财力资源；兽医机构内的专业技术人员的专业背景、数量应能满足工作需求，能有效组织实施动物卫生管理工作，包括动物疫病免疫、监测、流行病学调查、检疫监督、档案标识追溯和应急处置等相关工作。

7.3 实验室体系

实验室体系应具备特定动物疫病样本收集、检测、诊断和培训能力，配备相应的专业技术人员，仪器设备能满足工作需要；实验室建立完整的质量保证体系，并确保各项质量安全管理措施得到有效的执行。

7.4 标识追溯

易感动物加施标识，并建立档案。一旦出现特定动物疫病病例，能够实现追溯。针对疯牛病及痒病，要求能够追溯到其出生农场及所有饲料同群牛羊。

7.5 区域化管理

如开展动物疫病区域化管理，相关区域应集中连片，地理界限清楚，屏障体系完整，屏障体系可以是地理屏障，或在区域周边建立的检查站、隔离设施、封锁设施等人工屏障。人工屏障得到有效维护和管理。

7.6 动物移动控制

建立易感动物移动控制监管制度，建设或指定易感动物隔离检疫场所，配备相关设施设备。从高风险地区输入易感动物及其产品时，应经检疫或实验室检测合格后进入。动物移动及动物检疫记录规范完整。

7.7 动物卫生监督

应制订各类场所的动物卫生条件，规范各类场所动物检疫及监管要求。对养殖场/户、屠宰场、易感动物交易市场、饲料加工以及动物隔离、无害化处理等场所定期开展监督检查，督促监管对象落实动物卫生措施，对违规行为进行纠正。动物卫生监督记录规范完整。

7.8 饲料及风险物质监管

出台相关法规，对风险物质给予明确界定，对饲料使用及风险物质处理情况开展监管。地方畜牧兽医机构定期对管理相对人的执行情况进行监管，监管记录规范完整。

7.9 监测

对易感动物开展特定动物疫病监测，监测方法程序科学合理，实验室检测用诊断方法和诊断试剂稳定可靠。

7.10 疫情报告

各级动物疫情报告系统统一且畅通。生产企业和相关利益方落实疫情报告责任；各级畜牧兽医机构明确疫情报告的负责人员，能及时准确报告和通报疫情信息。

7.11 流行病学调查

制定了特定动物疫病流行病学调查工作方案。在发生疫情后，能够按照方案开展紧急流行病学调查，追踪溯源，流行病学调查记录规范完整。

7.12 应急处置

特定动物疫病应急预案科学规范，应急人员物资保障充足。兽医实验室及时对疑似疫情进行检测诊断，对确认疫情划定疫点、疫区和受威胁区，扑杀疫点内的发病动物及同群易感动物，对病死和扑杀动物进行无害化处理，对疫区进行封锁消毒，对受威胁区开展监测等措施。疫情处置记录规范完整。

7.13 进境隔离检疫

进境的易感动物及其产品应经隔离检疫，隔离期限及检验检疫措施科学合理，确认不存在特定动物疫病感染或携带病原等潜在风险后方可入境，隔离检疫记录规范完整。

8 风险评估结论

综合传入评估、暴露评估和后果评估的结果，评价危害引起风险的总体量。

8.1 风险评估结果

本规范将风险等级分为五级，分别为：可忽略、低、中、高和非常高（附表 1），通常描述为：

附表 1　风险等级

可忽略（Negligible）	特别罕见，不需考虑
低（Low）	罕见，但会发生，造成的损失较小
中（Medium）	经常发生，造成一定损失
高（High）	频繁发生，造成较大损失
非常高（Very high）	总是发生，造成极大损失

通过综合评价表确定风险结果。各阶段评估结果的综合评价见附表 2 和附表 3，风险评估结论见附表 4。

附表 2　传入评估与暴露评估综合评价

		暴露评估				
		可忽略	低	中	高	非常高
传入评估	非常高	中	高	高	非常高	非常高
	高	低	中	高	高	非常高
	中	可忽略	低	中	高	高
	低	可忽略	可忽略	低	中	中
	可忽略	可忽略	可忽略	可忽略	低	低

附表 3　传入评估、暴露评估与后果评估综合评价

		后果评估				
		可忽略	低	中	高	非常高
传入评估、暴露评估结果	非常高	中	高	高	非常高	非常高
	高	低	中	高	高	非常高
	中	可忽略	低	中	高	高
	低	可忽略	可忽略	低	中	中
	可忽略	可忽略	可忽略	可忽略	低	低

附表 4　综合评价

拟输华动物及其产品	评估阶段	评估结果（例）		评价结论（例）
例：冷冻猪肉	传入评估	低	低	低
	暴露评估	中		
	后果评估	中		

8.2 不确定性分析

风险评估结束后，应明确评估结论存在的不确定性，不确定性等级将直接影响评估结论的可靠性。不确定性通常分为四级，分别为：低、中、高和未知（表5）。通常描述为：

附表5 不确定性等级

低	开展有效的风险交流，数据翔实系统，信息来源可信且文件齐全，开展了实地评估，所有评估专家给出相似的评估结论
中	开展了风险交流，数据较翔实、全面，信息来源较可靠且文件基本齐全，开展了实地评估，不同评估专家给出的评估结论存在差异
高	没有开展风险交流，数据翔实性较差，信息来源不太可靠，文件不齐备，未开展实地评估，不同评估专家给出的评估结论存在较大差异
未知	信息和数据来源不可靠、没有充分有效的收集信息，没有开展实地评估，风险评估时间仓促

9 风险管理建议

评估专家依据风险分析结果提出风险管理建议，风险管理建议一般包括以下几个组成部分：

9.1 将评估确定的风险水平与我国可接受的风险水平相比较，确定进境的风险水平；

9.2 后续风险管理措施建议；

9.3 提出风险管理措施执行情况的监督建议，以确保风险管理取得预期的效果。

10 风险评估报告

风险分析结束后，评估专家组完成评估报告。评估报告通常包括以下几部分：

10.1 题目

题目应能反映所要评估的对象、范围、病种等问题。

10.2 引言

简短扼要地说明评估的目的、意义、任务、时间、地点、对象、范围等，阐明评估的目的性、针对性和必要性。

10.3 风险分析

依据风险分析程序步骤对需评估的项目逐条开展评估，数据可用图示来表示。评估要先后有序、详略得当。利用逻辑推理和数据分析等方式，科学归纳出结论。

10.4 不确定性分析

根据风险分析过程中掌握的信息及数据情况，分析结论的不确定性等级。

10.5 建议

依据风险分析结果提出建议。建议应遵守国家相关法律法规，并具有可操作性。

10.6 附录和参考资料

附录包括数据、工作记录、统计结果等内容。参考文献包括参考和引用他人的材料和论述。

参 考 文 献

白金，2012. 规模猪场猪瘟风险评估模型的建立［D］. 洛阳：河南科技大学.

白玉坤，韩庆安，李同山，等，2009. 规模猪场口蹄疫风险评估模型的建立［J］. 今日畜牧兽医增刊：20-23.

陈小金，朱向东，董志珍，等，2022. 某规模化猪场非洲猪瘟风险评估体系的建立与应用［J］. 中国动物检疫，39（1）：55-59.

程龙，张若曦，刘博，等，2020. 猪重点疫病险评估模型的建立［J］. 中国兽医杂志，56（6）：127-129.

重庆市市场监督管理局，2023. 家禽养殖场禽流感风险评估技术规范：DB50/T 1405—2023［S］. 重庆：重庆市市场监督管理局.

崔尚金，王靖飞，吴春燕，等，2005. 高致病性禽流感时空分布规律-传播的风险评估框架的初步建立［J］. 中国禽业导刊，22（20）：18-19.

范春彦，韩晓明，汤伟华，2003. AHP 中专家判断信息的提取及指标权重的综合确定法［J］. 空军工程大学学报（自然科学版），4（1）：65-67.

方海萍，仇松寅，王刚，等，2023. 进境陆生动物多指标风险评估模型的建立［J］. 中国动物检疫，40（9）：61-66.

冯爱芬，曹平华，2014. 基于熵权-模糊综合评判的重大动物疫情风险评估模型［J］. 家畜生态学报，35（8）：66-69.

郭昱，2018. 权重确定方法综述［J］. 农村经济与科技，29（8）：252-253.

郭志荣，徐步，2019. 扬州市禽流感风险评估模型的构建［J］. 河南农业，11（中）：47-50.

韩庆安，赵炎，王金凤，等，2013. 规模鸡场禽流感风险评估模型［J］. 今日畜牧兽医，12：44-46.

韩小孩，张耀辉，孙福军，等，2012. 基于主成分分析的指标权重确定方法［J］. 四川兵工学报，33（10）：124-126.

河北省市场监督管理局，2023. 规模猪场伪狂犬病风险评估技术规程：DB13/T 5846—2023［S］. 石家庄：河北省市场监督管理局.

霍颖瑜，钟勇，马春全，2010. 基于层次分析法的高致病性禽流感免疫预防风险评估模型［J］. 养禽与禽病防治，11：2-6.

孔令强，王光玲，2006. 因子分析法在县域经济发展水平综合评价中的应用［J］. 企业经济，8：128-130.

蓝泳铄，宋世斌，2008. 高致病性禽流感发生风险评估模型的建立［J］. 中山大学学报（医学科学版），29（5）：615-619.

李超，戴美霞，王素春，等，2023. 跨境动物疫病传入定量风险评估研究简析［J］. 中国动物检疫，40（12）：68-72，109.

李成，吴谦，胡满，2016. 风险综合评价中指标权重确定方法对比研究［J］. 石油工业技术监督.，32（1）：50-57.

李静，王靖飞，吴春艳，等，2006. 高致病性禽流感发生风险评估框架的建立［J］. 中国农业科学，39（10）：2114-2117.

李沛丽，张华，李涛，等，2016. 德菲尔法构建重大动物疫病预警指标体系［J］. 中国动物检疫，33（3）：77-80.

李鹏，2014. 重大动物疫病状况评估指标体系建设及研究［D］. 呼和浩特：内蒙古农业大学.

李鹏，刘志伟，王栋，等，2018. 基于案例的国内动物疫病风险评估技术发展现状研究［J］. 中国动物检疫，35（1）：55-60.

李鹏，王栋，孙晓东，等，2017. 我国屠宰场动物疫病风险评估指标体系的构建［J］. 畜牧与兽医，49（9）：132-139.

李艺超，方海萍，徐崇元，等，2022. 进口动物产品潜在入侵疫病风险评估的统计学模型和方法［J］. 数理统计与管理，41（5）：775-785.

梁璐琪，周莉媛，邵靓，等，2022. 四川省规模场猪伪狂犬病定性风险评估［J］. 中国动物检疫，39（6）：1-7.

辽宁省市场监督管理局，2018. 舍饲羊场布鲁氏杆菌病风险评估技术规范：DB21/T 3002—2018［S］. 沈阳：辽宁省市场监督管理局.

辽宁省市场监督管理局，2023. 舍饲羊小反刍兽疫发生风险评估技术规范：DB21/T 3716—2023［S］. 沈阳：辽宁省市场监督管理局.

刘光辉，张健，闫若潜，等，2013. 规模猪场口蹄疫风险评估方法的建立［J］. 中国兽医杂志，49（2）：94-96.

刘静，刘俊辉，张衍海，等，2018. 肉禽养殖场高致病性禽流感传入传播风险评估模型研究［J］. 中国动物检疫，35（12）：29-34.

刘倩，郑增忍，单虎，等，2014. 动物卫生风险分析的要素［J］. 动物医学进展，35（10）：111-115.
刘倩，郑增忍，单虎，等，2014. 动物疫病风险分析的产生、演变和发展［J］. 中国动物检疫，31（1）：12-16.
刘秋艳，吴新年，2017. 多要素评价中指标权重的确定方法评述［J］. 知识管理论坛，2（6）：500-510.
刘晓飞，仇松寅，吴绍强，2021. 基于专家问卷系统建立动物疫病半定量风险评估技术［J］. 中国动物检疫，38（3）：22-28.
任婧，2022. 基于模糊层次分析法的牧原股份风险管理研究［D］. 郑州：河南财经政法大学.
四川省质量技术监督局，2018. 规模场牲畜口蹄疫风险分析评估技术规范：DB51/T 2538—2018［S］. 成都：四川省质量技术监督局.
孙璐，王娟，黄秀梅，等，2015. 风险评估在动物疫病及动物产品上的应用［J］. 动物医学进展，36（10）：114-118.
孙向东，江慎铭，刘拥军，2012. 基于系统多层次灰色关联熵的奶牛布鲁菌病风险评估［J］. 安徽农业科学（31）：15288-15291.
孙向东，刘拥军，王幼明，2015. 动物疫病风险分析［M］. 北京：中国农业出版社.
孙月峰，张表志，闫雅飞，等，2014. 基于熵权的城市水资源安全模糊综合评价研究［J］. 安全与环境学报，14（1）：87-91.
谭业平，胡肄农，臧一天，等，2011. 规模猪场 PRRS 风险因素分析［J］. 中国动物检疫，28（12）：54-59.
田秋诗，胡诗琪，他福慧，等，2019. 跨境动物疫病传入风险评估指标体系构建［J］. 中国动物检疫，36（5）：11-18.
汪雨龙，卢凌美，谢敏，等，2020. 屠宰场非洲猪瘟风险评估模型的建立与应用［J］. 中国兽医杂志，56（4）：69-75.
王建平，刘宁，2015. 基于熵权模糊理论构建奶牛生产风险评估模型的研究［R］. 中国畜牧兽医学会养牛学分会第八届全国会员代表大会暨 2015 年学术研讨会：169-174.
王靖飞，李静，吴春艳，等，2009. 中国大陆高致病性禽流感发生风险定量评估［J］. 中国预防兽医学报，31（2）：89-93.
王萍，孙金领，单虎，等，2014. 基于多属性群决策的猪疫病风险评估模型［J］. 中国畜牧杂志，50（14）：72-76.
王清艳，2008. 动物外来传染病输入风险评估模型的建立及其应用［D］. 哈尔滨：东北农业大学.
王曲直，沈素芳，赵洪进，等，2013. 规模化奶牛场结核病风险评估模型的建立和验证［J］. 畜牧与兽医，45（8）：95-99.

王亭，2013. 奶牛布鲁氏菌病流行病学调查及风险评估模型构建及应用［D］. 哈尔滨：东北农业大学.

王新，冯鹏，田庆雷，等，2020. 依据层次分析理论的非洲猪瘟疫情潜在流行风险评估模型的构建［J］. 动物医学进展，41（12）：13-17.

夏炉明，陈琦，卢军，等，2016. 无疫猪群引进母猪传入猪伪狂犬病的定量风险评估［J］. 中国动物传染病学报，24（5）：16-20.

谢菊芳，胡肄农，胡东，等，2014. 动物卫生风险评估数据库系统的构建与应用［J］. 江苏农业学报，30（5）：1095-1101.

闫轶洁，宋维平，王长江，2023. 基于风险分析的养殖场生物安全体系构建［J］. 中国动物检疫，40（3）：25-29.

严斯刚，韦正吉，2011. 猪重大疫病风险评估体系和评估方法［J］. 中国畜牧兽医，38（6）：247-252.

杨涛，卢军，张淼洁，等，2016. 猪伪狂犬病毒传入猪场的风险评估模型研究［J］. 中国动物检疫，33（10）：7-12，41.

叶和平，马志强，2010. 动物疫病风险分析及其要素评价［J］. 食品安全导刊（12）：60-62.

臧鹏伟，顾舒舒，李双福，2016. 规模蛋鸡场疫病风险评估模型建立与完善［J］. 中国畜牧兽医文摘（12）：138，157.

臧一天，谭业平，胡肄农，等，2012. 规模化猪场疫病传入风险分析模型的构建［J］. 江苏农业学报，28（2）：365-369.

张曾莲，2017. 风险评估方法［M］. 北京：机械工业出版社.

张凡建，陈向前，汪明，2006. 国外动物和动物产品进口风险分析应用现状［J］. 黑龙江畜牧兽医（10）：1-3.

张吉军，2000. 模糊层次分析法（FAHP）［J］. 模糊系统与数学，14（2）：80-88.

张永辉，贺忠海，郭田顺，等，2012. “养猪场高致病性猪蓝耳病风险评估模型”的建立［J］. 中国动物检疫，29（1）：53-54.

张志诚，黄炯，包静月，等，2011. 基于“风险邻近”的全球尺度非洲猪瘟发生状况及其输入风险模型构建［J］. 畜牧兽医学报，42（1）：82-91.

赵鹏飞，2023. 基于血清流行病学的猪瘟、猪繁殖与呼吸系统综合征和伪狂犬病风险评估模型与预警研究［D］. 武汉：华中农业大学.

周晓瑞，陈一衡，赵秋玲，等，2020. 我国动物疫病风险评估研究热点和趋势——基于 CiteSpace 的可视化分析［J］. 中国动物检疫，37（12）：91-97.

周新虎，刘根强，王静梅，2012. 口蹄疫发生风险评估模型的建立［J］. 中国兽医杂志，48（1）：84-86.

朱东泽，2010. AHP-模糊综合评价法在野生动物新发传染病风险评估中的应用——以林蛙虹彩病毒为例［D］. 哈尔滨：东北林业大学.

朱少奇，孙玉国，姜彦雨，等，2022. 基于层次分析法建立规模猪场非洲猪瘟风险评估模型［J］. 中国动物检疫，39（4）：1-6.

Cabral M，Taylor R A，De Vos C J，2019. Risk assessment of exotic disease incursion and spread［J］. EFSA Journal，17（Suppl 2）：e170916.

Dejyong T，Rao S，Wongsathapornchai K，et al，2018. Qualitative risk assessment for the transmission of African swine fever to Thailand from Italy，2015［J］. Revue scientifique et technique-office international des épizooties，37（3）：949-960.

De Vos C J，Taylor R A，Simons R R L，et al，2020. Cross-validation of generic risk assessment tools for animal disease incursion based on a case study for African swine fever［J］. Frontiers in veterinary science，7（56）：1-14.

Kauffman M，Peck D，Scurlock B，et al，2016. Risk assessment and management of brucellosis in the southern greater Yellowstone area（I）：A citizen-science based risk model for bovine brucellosis transmission from elk to cattle［J］. Preventive veterinary medicine，132：88-97.

P Sutmoller，A E Wrathall，1997. A quantitative assessment of the risk of transmission of foot-and-mouth disease，bluetongue and vesicular stomatitis by embryo transfer in cattle［J］. Preventive Veterinary Medicine，32：111-132.

XIE J，QIN Y，M X，et al，2010. The fuzzy comprehensive evaluation of the highway emergency plan based on G1 method［C］. Proceedings of 2010 3rd IEEE International Conference on Computer Science and Information Technology，8：313-316.

